U0907881

别让生活耗尽你的美好

碎碎 著

天津出版传媒集团
天津人民出版社

图书在版编目（CIP）数据

别让生活耗尽你的美好/碎碎著. -- 天津：天津人民出版社，2015.10（2017.11重印）

ISBN 978-7-201-09572-1

Ⅰ.①别… Ⅱ.①碎… Ⅲ.①成功心理—通俗读物Ⅳ.①B848.4-49

中国版本图书馆CIP数据核字(2015)第205314号

别让生活耗尽你的美好

BIERANG SHENGHUO HAOJIN NIDE MEIHAO

出　　版　天津人民出版社
出 版 人　黄　沛
地　　址　天津市和平区西康路35号康岳大厦
邮政编码　300051
邮购电话　（022）23332469
网　　址　http://www.tjrmcbs.com
电子邮箱　tjrmcbs@126.com

责任编辑　陈　烨
策划编辑　孙倩茹
装帧设计　CINCEL

制版印刷　北京凯达印务有限公司
经　　销　新华书店
开　　本　900×1270毫米　1/32
印　　张　9
字　　数　150千字
版次印次　2015年10月第1版　2017年11月第4次印刷
定　　价　35.00元

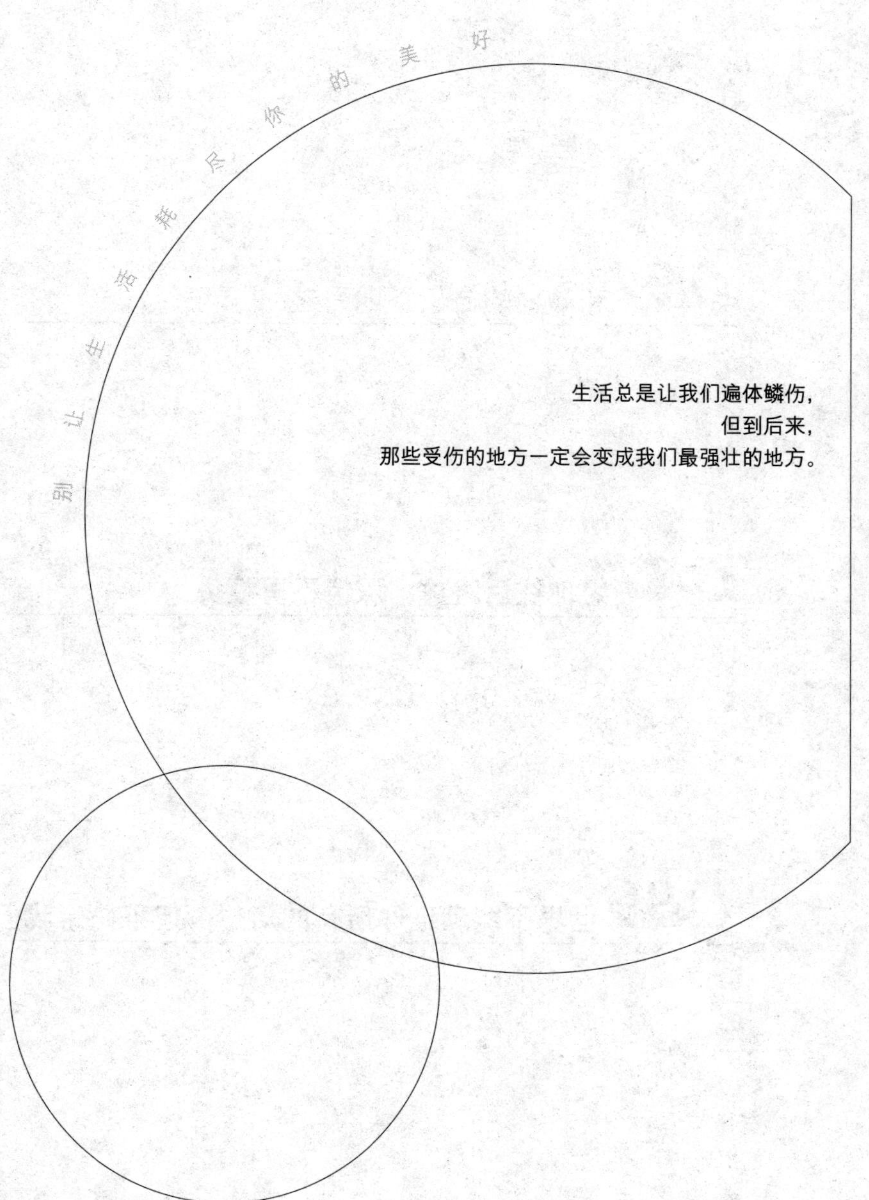

生活总是让我们遍体鳞伤，
但到后来，
那些受伤的地方一定会变成我们最强壮的地方。

目　录

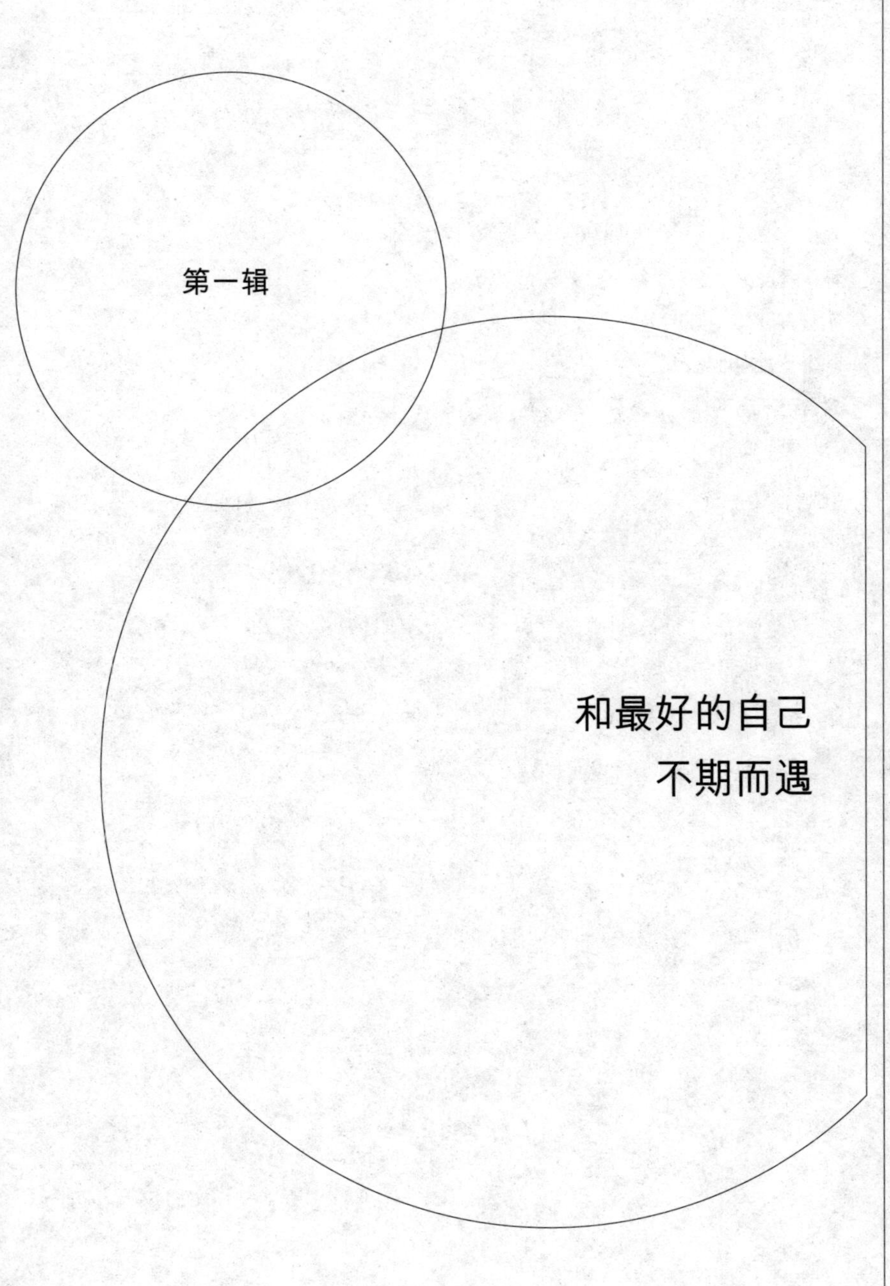

第一辑

和最好的自己不期而遇

懂得爱自己，是人生第一要义。

不管有没有人爱，

都毫不含糊地宠自己，

对自己不离不弃。

谁敢说，这样的女人是没有前途的？

⊙ 人是不可能免俗的，每个人都得有自己的一份日子。

某天在杂志上看到一句话，一个很有名的女人说的：不穿高跟鞋的女人是没有前途的。

想想自己平日里，不是平跟皮鞋就是运动鞋，灰头土脸的样子。我倒吸一口冷气。

没有前途！怎么办？骇得我放下杂志，直奔商场买了一双高跟鞋：白色，细高跟，镂花，皮革闪着光芒，精致又漂亮。880块钱。对于我来说，它有点儿贵，可是为了前途，也就认了。

穿上高跟鞋，好像找到了袅袅婷婷的感觉。顾盼颦笑之间，好像平添了女人的风情，前途好像正在不远处对我招手窃笑。

第二天穿上高跟鞋出差去外地。是过路车，人又超多，进站口放行的时候，时间已经很紧迫了，大家都一路狂奔。平时穿平跟鞋练就的敏捷身手，此时不灵光了，我拿着行李箱吭哧吭哧地向前冲，还是落在了队伍的最后头。火车就要开了，我和几个精力不济的人竟然没挤上去。只好又急赤白脸地去火车站旁边的长途汽车站改坐汽车。为赶时间，又是颠颠颠地一路小跑，等到终于坐上车，已觉脚疼难忍。把脚从鞋子里抽出来一看，脚趾头上居然磨出了两个水泡。

看，这就是前途的代价。

后来，又在一本杂志上看到一句话，香奈尔说的，不用香水的女人是没有前途的。

赶紧又检讨了一下自己。倒是有一瓶香水，伊丽莎白·雅顿的，朋友送的。送了几年了，到现在还有一大瓶没用完，因为总是想不起来用，或者是没什么机会用。

想想看，那什么衣香鬓影、暗香盈袖的，自然撩人。每个女人都想那么极致地女人下去。只是，我每天要穿梭的地方并不是咖啡馆，音乐厅，星级酒店；一个没有车的人，也不可能一出门就把自己塞在车里，把风尘雨雪挡在外面。我要穿行的，是经常狂风大作、尘土飞扬的街道，是拥挤不堪、五味杂陈的公交车，是永远手忙脚乱、书稿成山的办公室，是七荤八素、生猛海鲜的菜市场，是煎熬炒炸、水深火热的厨房——这些地方，好像都没有香水的用武之地。

对我来说，闻到一个男人衬衫上隐约的汗味而不是古龙香水味，更能让我感觉到他的男子汉气息，顿生贴近之感；一个头发丝上残留有油烟味的女人，比人还未到先飘来香风阵阵的那种，更能让我生出没有距离的亲切感。那都是结结实实生活的味道。而真切的生活味道更能让我感觉踏实，更能在瞬间打动我。

再有一天，又看到一句话，莎拉·杰西卡·帕克说：手袋没有多到让人眼花缭乱的女人是没有前途的。

我狂叫一声：老天，拜托！这么多没有前途的事情，不要再让我看见好不好！想到那几个水泡的代价，我打算按兵不动。我相信接下来肯定会看到这样的话：

没有几十条丝巾的女人是没有前途的。

不戴钻石的女人是没有前途的。

不想住别墅的女人是没有前途的。

……

真会如此吗？想那居里夫人在获得诺贝尔奖之前，整天忙于实验，无暇他顾，生活异常窘困，连冬天取暖的炉火钱都没有。冬夜里，和丈夫做实验实在冻得受不了时，他们就在屋子里跳舞取暖。这样的生活，她桌子上怎么可能会有香水？

女作家铁凝也说过：“人是不可能免俗的，每个人都得有自己的一份日子……你敢说哪篇巨著形成时，作者的桌面上准没有油盐酱醋？”

她们生命中的大多数日子，一定都与高跟鞋无关，与香水无涉，但是谁敢说，这样的女人是没有前途的?

各有各的前途。

只要你足够坚强，何惧历经风霜

⊙ 历经风霜，是每一个想成就自己的人的必经之路。

说起“霜”这个字，脑子里最先涌现的不是自然界的那种霜，而是岁月的风霜，人生中的风刀霜剑，那些寒霜一样考验我们的逆境。“风霜”这个词，也早已偏离它的本意，更多地指向霜的引申义了。

一个饱经风霜的老人，他所经历的时间、故事、际遇，最后化为他脸上的褶皱、眼神里的微光、内心深处的叹息，人生的风霜积淀于他脸上纵横交错的纹路中，再也擦洗不掉。

“霜”这个汉字，音、形与义都极美，是最富有中国意象的汉字之一。

总觉得，雨、雪、霜、露，都莫不是天地之间的交接，是天地交换讯息的一种形式。而霜，似乎是最含蓄，最冷静，最让人警醒，又最令人惆怅和销魂的那一个。想想看，秋末冬初的土地上，此时气温已降至零度，清晨出门的人嘴里呵出白色的寒气，脚下的草已经变黄，蒙上一层厚厚白霜，更显萧索。

“晨起动征铎，客行悲故乡。鸡声茅店月，人迹板桥霜”的意境，既有天涯羁旅的凄清，也有独自走向远方，走向更大天地的忐忑，饱含悲辛的诗意。

还有，“月落乌啼霜满天，江枫渔火对愁眠”，“回乐峰前沙似雪，受降城外月如霜。不知何处吹芦管，一夜征人尽望乡”……霜，成了人生凄凉、心境寥落的对应物。

就像人生必得经过风霜才能更强大更坚韧一样，经过霜的庄稼，味道也会更好。霜打之后的柿子，格外甜美。霜打之后的萝卜，格外爽脆好吃。一个蜜罐中长大，没有经历过风霜雪雨的人，他的心智一般都不会强大。

也许，在宁静顺遂的环境中长大的人，心里都会有对风霜的渴念。因为那意味着对自我更好的锻造，以及人生品质的提升。

曾为印度王子的释迦牟尼，年轻时的生活应有尽有，何等奢华美满，可是29岁的他在一个午夜决然离开王宫，自我放逐，脱下了华丽的服饰，换上蓑衣，遣散侍从，成为一个修行者。我想，他身为一个锦衣玉食的王子，应该也有对经历人世风霜的渴求。

同样，在毛姆的《月亮与六便士》里也表达了这样的主题。

这是以法国印象派画家保罗·高更的生平为素材的小说，描述了伦敦的一个证券经纪人，因为突然着了艺术的魔，便抛妻弃子，弃绝旁人看来优裕美满的生活，奔赴南太平洋的塔希提岛，把生命的价值全部注入绚烂的画布的故事。

在此后的人生中，贫穷的纠缠、病魔的折磨都没能使他回头，他一直在人生风霜的磨砺中砥砺自己的艺术，拓展自己的人生。

历经风霜，是每一个想成就自己的人的必经之路。面对扑面而来的风霜，只要你足够坚韧，就不会是霜打的茄子——蔫了，而是“霜叶红于二月花”。

所以，我有时会在心里同情现在的那些富二代、官二代的孩子。他们往往骄矜气盛，目空一切，因为一切得来全不费工夫，可是他们也会因此而体验更多的空虚感。

没见过风霜，没经历过自我奋斗的汗水，又何能体验属于自己的成就感与满足感？他们该丧失了多少醉人的人生滋味。

曾在网上看到这么几句话：“人生什么事最使我难过呢？穷困吗？不是。劳累吗？不是。人生最使我难过的是，看到美丽的母亲当了几年母亲以后，有了一张恶狠狠的脸；美丽的主妇当了几年主妇以后，脸上有了严冷的表情。”

这样的人，是把风霜写到了她的脸上，外化到了她的神情里，而不是受到霜的浸润之后，让自己开放得更好。这就像自然界的植物一样，能抗得过秋冬，并且开放得更香艳的，毕竟是少数。

对世界，我愿意永远保持饥饿感

⊙ 一个人对待食物的态度，折射了他的人生态度。

有一次在小吃摊上吃凉皮，我放了很多红辣椒进去，吃得热火朝天，旁若无人，很是痛快。

坐在我对面的是一对恋人。男的一碗很快吃完，女的吃得很慢，男的坐在一边等，渐渐地似有不耐烦。女的娇滴滴地用筷子挑着凉皮说：你知道我为什么吃这么慢吗？男的说不知道。女的说：你看，因为这上面有很多姜，我不吃姜的。

那碗凉皮是用了很多姜末，女孩挑剔地想把那些细小的姜末一一挑出。但对面的我看到的却不是这样的原因。我所看到的是女孩嘴上的唇膏鲜亮欲滴，她不是怕姜末，她是怕凉皮毁了嘴上的唇膏，影响唇形，也怕把口红吃到嘴里去，所以她每吃一口都只能挑一点点，小心地绕过嘴唇，妄图直接放入舌尖上。很费周折，自然吃得很慢。姜末多，倒是一个很好的借口。

唉，女为悦己者容，这是女人，一生的动力，也是她们一生的梦魇。做女人，真是不容易的。

后来我想，去见亲爱的恋人之前，该不该抹上漂亮的唇膏，让自己更迷人一点呢？可是想要亲吻时可怎么办呢？先用餐巾纸擦掉吗？恐怕有点儿大煞风景吧。这实在是一个费解的难题。

一个人对待食物的态度，折射了他的人生态度。

对待食物的情感，类似于对待世界的情感。一个对美食胃口很好的人，大抵对世界、对世事也有很好的强健的胃口。

一个病恹恹的胃口不好的人，很难想象他对这个世界有好的吞吐能力。

对于走上餐桌的食物，尤其是天然食物，我是一直心怀敬畏的。我觉得那是浓缩了天地之精华，像“千人药”一样历经了无数人的手和汗水的。所以，热爱它们、吃掉它们，是我联结这个世界、感受这个世界柔情蜜意的重要方式。在心里，我是挺不待见那种在餐桌上对菜肴挑挑拣拣、漫不经心的人的。对于那种眼见一桌美食却蹙眉怨嗔，不以为意，张口闭口“减肥”的人，我总会在心里悻悻地想：才吃饱肚子几天，就矫情成这样？

现在生活节奏快，我身边有越来越多的人不愿做饭，或者宣称从不做饭，他们看起来光鲜、唯美、优雅，似乎不需要面对吃饭的问题。君子远庖厨。那他们吃什么呢？餐风饮露吗？这一直是我心底的一个悬疑。

一个不愿下厨，从不谈论厨房，似乎生活中也不需要厨房的人，一直让我敬而远之。那至少说明，他在过一种凌空虚蹈的人生，他无法面对人生的真相。

我爱看一个人的吃相。我喜欢看一个人吃食狼吞虎咽、风卷残云，仿佛能吞咽下整个世界的样子。他吃什么都很香甜、快慰的那种享受感，叫人踏实。这种吃相的人，大都个性敞亮豁朗，值得信赖。

西餐礼仪讲究喝汤不能发出声音，嘴里有食物时不能说话，可是在自己家里或是和朋友聚会时，面对一桌美食，怎么痛快怎么来，吃得呼哧呼哧，也是人生快事之一吧！

一个自己从不下厨，却对餐桌上的饭菜挑三拣四的人，大都对人生也甚为挑剔。我相信这样的人是没有福气的人。

见过热爱做饭的男人，他们愿意流连于菜市场，用心挑选食材，回来在厨房里用心地急切快炒、慢煨细炖，那一刻他的心是笃定的，他的眉目是安适的。他不慌不忙，不紧不慢，最后为妻儿端出一桌好菜，看着他们享受自己烟熏火炙后的劳动成果，他很有成就感。就像一个富有经验的老农坐在田间地头，心情熨帖地看自己侍弄得妥帖安适的庄稼。他操持的汤汤水水，会化为妻子红润的脸庞、孩子健壮的骨骼。

总觉得在这个人心浮躁的当下，愿意下厨，并且把下厨作为人生常态，从中找到乐趣的男人，是世间的珍宝。那需要持有怎样的平常心，需要怎样的单纯心思、世事洞明，才深谙到生活的真谛？

一直以来，男人的形象，大都是与各种社交场合联系在一起，似乎那才是他们盘桓的天地，是他们一生奋斗的舞台。男人也甘于这种被定位与被塑造，所以经常下厨或热爱下厨，是绝大多数男人无法面对也羞于提及的事。

只是多年以后，那些热衷于大吃大喝的男人大都有了高血压、高血糖、冠心病、脂肪肝，那些热爱下厨的男人呢？依然如一株翠竹，健康挺拔、充满活力。那是自家厨房对他们的滋养。

三毛说过，爱情如果不落实到穿衣、吃饭、数钱、睡觉这些实实在在的生活里去，是不容易天长地久的。

连伟大的爱情都是这样，何况人生呢？

对美食、对世界，我愿意保持我永远的饥饿感。

每一扇窗里看到的人生都不同

⊙ 一种自我牺牲的宽慰与满足，或许是一种残酷。

平胸女人内心的苦涩，让她看不到别的可能。

但其实，世界有很多扇窗，从每一扇窗里看到的人生都不同。

林秋生得唇红齿白，眉眼生动，是那种一看就会让人感觉舒服清爽的女孩。可是，她却从没有对自己满意过。

因为，她平胸，一穿上衣服，一点起伏都没有了。这是她内心深处的自卑。

在每一个深夜，凝视自己身体的时候，她都不得不面对自己无法收拾的难堪与失望。虽然，连她自己都不愿意承认，但她实在是回天无力。

林秋长大后意识到，那一定是上高中时的营养不良造成的。

读高中的三年，她一直住校。那时年纪小，不知道营养对身体发育的重要性，加上学习又紧张，吃饭都是对付。每天中午买饭都要排长队，还老是有人插队，大家都一窝蜂地挤。她讨厌排队，更讨厌有人插队，所以总是最后一个去，那时候已经买不到什么菜了。她就只买两只馒头，干吃，最多伴一点儿咸菜，或是豆瓣酱。早上则是几块饼干，晚上是在小铺子里买两只芝麻烧饼。

高中三年，14岁到17岁，她基本上就是这么过来的。

大约到了二十一二岁，她才意识到了这个问题：平胸。看到别人穿衣服起伏有致、玲珑凸凹，自己穿起来却一马平川，这实在是一个成熟女人内心无法正视的心酸。

大二时，有次洗完澡回到寝室，大家都忙着换衣服。同室的刘红看着林秋刚穿上一件紧身秋衣，嘻嘻哈哈地笑着说："啊，太平公主！飞机场！"寝室里另外两位女生也在。林秋一听这话脸便变得惨白，站都站不住了，恨不能当时就死掉。

这是她有生以来听过的最耻辱、最难堪的话了——可是，却是最大的真实，没有辩驳的力量。她不知能说什么。

刘红看着她变色的脸，不以为然大大咧咧地笑了起来，说：生气了？这有什么可生气的啊？怎么连自嘲的勇气也没有啊？原来我们高中的一个同学，她就经常对着镜子说自己是飞机场呢。

从那时起，林秋尝试过各式改变平胸的办法：锻炼、食疗，比如吃猪蹄、大豆，喝牛奶，吃脂肪含量高的食物，甚至悄悄注意报纸上的丰胸药物。那些广告无一不是做得信誓旦旦、神乎其神，什么“没什么大不了的”啦，什么“万丈高楼平地起”啦。她试着买了其中一种宣称是纯中草药的，喝了两个月，花了一千多块钱，依然没起什么高楼。

报纸、电视上还有不少丰胸手术广告，她不想那么做，那毕竟是假的，她心理上接受不了。还有什么充气式、海绵式之类的文胸，她也不愿意用，她觉得那样做像个骗子。再好的东西，如果是假的，毋宁没有。

看上去，她现在的性格是很沉静、淡定的。其实，小时候她是很疯的，有人叫她假小子。现在，假小子沉静得似一株睡莲：羞涩的，放不开的，甚至还是青涩的。不像很多她那个年龄的女孩子：张扬，吵闹，咋咋呼呼。她想，只有她自己才知道这是为什么。

人们常说性格决定命运，也许没有人想过：相貌决定性格，然后性格决定命运。也就是说，相貌最终决定命运。

她喜欢她中学的一个同学孟浩。孟浩十分优秀。她能感觉得出，他对她也是颇有好感的。她听说过他在别人面前表示过对她的欣赏。但是，越是喜欢他，她便越是自惭形秽。她不能想象，有一天他们真的走在一起，让他面对自己身体的瑕疵与遗憾……她觉得，那简直是一种残酷，她无法想象。真是近情情更怯啊。

所以，对他，她选择了退，而不是进。虽然也有遗憾，也有伤感，但更多的还是一种自我牺牲的宽慰与满足。

后来，她听同学说他有了女朋友。据说那女孩对他非常主动，他们很快结了婚。她不愿问他有关他太太的任何情况，但她不无酸楚地暗暗设想，那女孩不知该有多么美丽可爱，多么风华绝代，多么旷世难觅。而她，一晃都到27岁了，还是孑然一身。因为他，别的男人统统没有味道。

后来，在一次同学聚会上，他们又见面了，也见到了他太太。虽然在这之前，她是很想见见他太太的——仅仅是因为他。可是，她却又不敢甚至不愿真的见到她。她相信，他太太的美丽和光彩会让一切黯淡，那会让她更加自卑。

在聚会上，她不无吃惊地发现，他太太瘦得像一张纸片儿，竟然是一个相貌、谈吐、气质都极平平的人。而且她在心里暗暗惊呼：她竟然也是——平胸。

她穿着一件黑色T恤，那种流行的所谓“小一号”式的T恤，很瘦小，让T恤里面的内容昭然若揭，那显然是比她更厉害的平胸。林秋的心里泛起了前所未有的苦涩——她错过了他，而且，她有过的担心与忧虑也许是毫无必要的。

后来大家酒都喝高了，一个个眼神飘飘的，一个比一个晕乎。有人说到同学高强。高强还在学校读博士，正在和同校一个澳大利亚留学生热恋。

那同学借着酒劲说："他呀，找的那个澳大利亚妞可真肥啊，一走一颤，少说也有180斤，你们没见过那胸脯，光那胸部的一堆肉，估计有20斤重。"

大家笑得要喷饭。男生纷纷说外国的女人都那样，比中国女人丰满得多了，言语中表现出对外国女人丰满的艳羡。孟浩眼神也飘忽了，嘟噜了一声："我最不喜欢那样的女人。"别的男同学都起哄："不可能不可能，没一个男人不喜欢丰胸的，这是天下所有男人找女朋友的梦想之一。"

孟浩说："真的。自小就不喜欢。我小时候继母对我们很凶。她长得奇胖，身上的肉颤颤巍巍的，让我心里特别压抑。我从小就对那东西极厌恶。那时我就想，将来我找女朋友，一定要找胸小的，那让我觉得温柔，安全。"

原来是这样啊。大家都笑了。

只有林秋的笑容凝住了。

在万家灯火中，找到内心的光亮

⊙ 从一切事物中找到欢喜，只因为有一颗善于体察和珍惜的心。

不知从哪一天起，也很难说是因为什么，情绪常陷于低落萎靡之中。没有斗志，没有野心，没有兴奋点，一切都无可无不可。对这个世界，对一切事物都丧失了热情与兴趣。

这真是致命的恐慌。总感觉时间的飞逝，让一切都雨打风吹去，最后化为虚无，就像一切从来没有发生。就像一个无边的黑洞，把所有的行动力、梦想都化为齑粉。

在这样的状态下，每一天都像是白过的，因为内心没有跟着成长与沉淀。也会参加聚会，置身于这样那样的场合之中，起劲地开着玩笑，让彼时彼刻的时空活色生香，可是，内心是萧索的，总会瞥见自己笑容背后的空洞。

有时候，会很羡慕那些能始终活在当下的人。他们总会生活得有滋有味，总能为眼前的一切兴高采烈，为眼前的一场宴会、一次旅行、一笔数额不多的奖金、一双新买的鞋子，找到真真切切的欢喜与满足。仿佛那一刹那即是永恒。

或者，从不追问何为永恒，何为意义，不问青红皂白地活着便好。

有时候，也会为那些简单而闪亮的瞬间击中：酷烈的阳光下，蹬三轮车送货的工人脊背上滚滚而落的汗珠，他用汗湿的手掌接过一叠零钞时眼角纹路的跳跃；一个母亲带着年幼的婴儿洗澡，边洗边情绪饱满地给他唱歌，那孩子表情懵懂不为所动，母亲像是在唱独角戏，可却那么投入，脸上生出无与伦比的光辉；无人的小径上，一朵小花在不为人知地蓬勃……那些生命的气息都让人心思奔涌，感受到这个世界的潮汐律动。

朋友给我讲述了她经历过的亲人的死：年仅23岁的小姑子因为家庭琐事，喝农药自杀，家人发现后把她送到医院抢救。洗胃后，她终于从重度昏迷中醒了过来。医生叮嘱小姑子的家人，一定要不停地和她说话，让她保持清醒，不能让她睡过去，一睡过去可能就醒不来了。于是家人握住小姑子的手，不停地和她说话，她一睡着就把她唤醒，这样持续了一个多小时，她也时醒时睡断断续续地说着话。疲惫不堪的小姑子恳求道："让我睡一会儿，就睡一小会儿……"

最终，她睡过去了，永远地睡过去了，撇下了一岁多的孩子。

那种迅疾与猝不及防，让朋友深感生命的脆弱，好像谁都随时会被上帝召走。

“从那时起，我才发觉不仅身体会沉睡，我们的灵魂也常常在沉睡，需要我们经常去唤醒它，拍打它，才不会让它坠入麻木虚无。从那以后，我对每一天都心怀感激，感觉每一天都像是白捡的。哪怕我平平常常地给孩子烧一顿饭，也会去想，如果是一个死去的人，上帝跟他说，让你回到人间一次，陪你孩子吃一顿饭，那他会是什么感觉啊？他一定会幸福死了，给他个皇帝做他也不愿意换啊。这样的一顿饭对他意味着什么？那不是天大的幸福吗？这样比照，就觉得眼前拥有的一切全都是福祉……”

我怔住了，眼角有些湿润。在朋友看来，眼前庸常的一切，包括一道菜一碗汤，都变得不同凡响。只因为，你持了另外一种眼光。

与死相比，生的一切都是奢侈、巨大、厚重的。而朋友能从一切事物中找到欢喜，找到毋庸置疑的存在感与价值感。只因为，她有一颗善于体察和珍惜的心。

一直以来，我一直飘浮于生活的表层，空心人一样过活，没有沉潜入生活的内部，找到它的份量——如果你没有活出价值感，没有活出重量，那只是你的问题，并非生命本身的问题。

人生的尽头都是虚空，生的结局就是死，在这必然的结局面前，不更需要狠狠地活吗？有多么虚空，就有多么实在；有多么绝望，就会升腾起多少希望；有多么悲伤，就有多么快慰。

在人潮汹涌的街头热泪迸流，在万家灯火中找到内心的光亮，那些，都是结结实实活着的滋味。

人生的全部意义，不过是一碗面而已

⊙ 我想和他一样捧着那只古铜色的粗陶碗，吃得呼哧呼哧地山响。

有人说，一个永远光鲜的人值得怀疑。我想，一个文字永远光鲜、唯美的人也很可疑，他一定是失真的。

现在，我是那么热爱粗粝的生活，不管是文字中的，还是现实中的。那种粗糙的、野性的、我行我素的、不加修饰的、仿佛此刻即是永久的生活，携带着身体最真实的信息。那种生活，仿佛瞬间能将你击穿。

一天下午，我下楼出去买菜。好几天没出过有暖气的屋子了，出了门才感觉干冷的空气冰砭刺骨。门口的小街在拆迁，到处都是断壁残垣。只有一家简陋的小饭馆还在坚持营业，肥胖的老板娘穿着满身油污的围裙站在门口，脸冻成了红紫的茄子。

门前的长条饭桌上，一个四十多岁的男人坐在那里，脸埋在手里的粗陶大碗中，热火朝天地吃着一碗烩面，白色的热气在他头上盘旋。在这个时候吃饭，吃的一定是午餐了，他一天中的第二顿饭，或者是午餐晚餐二合一。他的身上披着一件棉絮外翻，到处都是水泥和石灰的蓝灰色棉大衣，毛领双排扣，那是三四十年前的式样。他急速吞咽的动作和他碗边上飘荡的袅袅热气让我相信，那一定是世界上最美味的面了。就是那碗在饭馆玻璃门上歪歪斜斜地大写着“烩面5元”的面。从他身边走过，我差一点儿热泪滚滚。

突然想起尼采。他在都灵的广场上看到一个车夫用鞭子抽打一匹病弱的老马，他扑上去抱着老马失声痛哭。那一刻，他分明觉得自己就是那匹备受欺凌的马。

再次回过头，看那个吃面的人。此刻，天那么冷，他手里的那碗面那么热，那么烫。他身边那个生冷不忌的老板娘，有一种粗糙的砂石般硌人的妩媚。

这一刻，把脸埋在这一碗面中的时光是温暖热烈、舒心舒肺的。而狼吞虎咽下这一碗面的时光，那么长，又那么短。长得可以勾引一个人为它前仆后继，永不消停地走完长长的一生。又短得还未等到吃下这碗面的人擦干嘴角的油花、打完两个饱嗝，就要推开筷子，投入一天中的下一场战斗。

人生的全部意义，也许不过就是一碗面而已。

我忽然好想跑过去坐在他身边，坐在那个露天的油渍满面的长桌边，陪他吃一碗面，我想和他一样捧着那只古铜色的粗陶碗，吃得呼哧呼哧地山响。因为，他就是我的兄弟，就是我自己，就是另一种可能的我自己。

两碗热热的面，两个心意相当的人，那已经是世上最动人的景象了。

我们的此处，正是别人的别处

⊙ 到了三十几岁，你就会为人间烟火所感动。

以为生活在别处，所以看眼前的一切都是那么卑微、乏味、庸常，让人打不起精神，忽略到极点。

年少轻狂时，总是雄心万丈，身边的一切都入不到眼里。甚至包括渐渐老去的母亲头上的银丝，父亲笑起时眉梢上那朵日渐增大的菊花，都不能让我停止幻想，安心于此时、此地。

那时候总以为自己将要生活在别处，以为真正的生活一定在远方，以为只有挣脱眼前的一切，走向远方，才能进入激动人心的生活。

以为会生活在别处，所以眼前的一切都是那么卑微、乏味、庸常，让人打不起精神。那时的心是躁动的、焦虑的、饥渴的、无望的。

记得17岁那年在学校军训的时候，带领我们军训的连长是一个很年轻的山东小伙子，他长得又高又帅，人又酷又可爱。不过是一周时间的军训，我对他的迷恋已在内心疯狂地生长。那完全是一种想象性的迷恋：想象他的生活，他的一切。比如，以为他一定来自一个遥远的地方，那里有着别样的风景，有着不一样的生活——神秘、有趣，令人憧憬。

一周以后，学校组织我们去他们所在的部队营部参观，原来他就住在距离我们学校不到两里路的地方。

没想到，他们住的地方整齐、干净得过分，但陈旧、简陋得令人心酸；他们训练的地方，也不过是操场、沙丘、油漆斑驳的单双杠，平淡得一览无余。而他们营部的大门口附近，就是一个又一个卖热气腾腾的卤货的手推车，车上摆满了猩红的充满膻味儿的猪大肠、猪心、猪肺、猪头肉……

我简直不能相信，他怎么可能生活在这样的地方！怎么可能！在我心里那么可爱那么神秘的连长啊！那个“遥远的地方”原来却是这么近，比我自己的生活更不可想象……一个本不需要兑现的想象，遭遇了毁灭性的轰击。

25岁的时候，和一个男生“拍拖”时，他绘声绘色地给我讲他一个人在外地工作的时候怎么做宫保鸡丁、红烧茄子。那一刻，我便知道他在我心中已经完蛋了。那时的我还天真至极，不能想象一个男人围着锅台转的样子，只能接受他和我谈文学、哲学、感觉之类的抽象玩意儿，似乎只有那样才“美好”。

后来看韩剧，其中的男女真是善于安享生活中的小情趣，所谓细微之处见精神：认真地做一饭盒紫菜包饭，给心爱的人送去；包三十只饺子给全家人做星期天的早餐；去一家小铺享受那里酸枣面包与热枣茶的香甜……生活里的小事，都充满了小情小趣。那也是“此处的”、具象的生活，可是因为投入、用心，也是宜人的、温暖的、可爱的。

正像有个朋友说的：年轻的时候，我宣扬聪明人都是不快乐的；年老的时候，我宣扬聪明人其实应该是快乐的。到了三十几岁，你就会为人间烟火所感动。

是的。

想起了里尔克的诗：

谁此时没有房屋，就不必建造；谁此时孤独，就永远孤独。

现在，就要告别青春了，我才终于明白，原以为真正的、美好的生活在别处，殊不知我们的此处，也正是别人的别处。

从明天开始，做一个幸福的人

⊙ 喂饱身体容易，喂饱精神却是难的。

同样的境遇，有的人会感觉幸福，有的人会感觉不幸福。就像每个人的笑点、泪点不同一样，每个人的“幸福点”也不一样。有的人幸福点低，有的人幸福点高。喂饱身体容易，喂饱精神却是难的。

在她眼里，他是个粗人。虽然他出过几本书，做着文化事业。她心中的粗人，就是神经大条，说话做事大大咧咧没心没肺，跟他说话你尽可以想到哪儿说到哪儿，不用小心翼翼，不用怕他动不动就感觉受伤害，感觉被得罪——除非他自己愿意，没有人能伤得了他。所以在她这里，粗人其实是略带褒义，有魅力、有延展性的一个词。

有一天，她和这个粗人有一搭没一搭地聊天，他忽然问她：“你过得幸福吗？”

她心里一热，像是被戳开了一个口子，暗流汹涌——很久没有被人问过这么虚头巴脑的问题了。幸福不幸福，是一个深不可测、近乎奢侈的问题，让人一言难尽。就像有位评论家说的，现在，谈论身体、欲望早已不是隐私，谈论灵魂才是。灵魂在我们这个时代成了难以启齿的隐私。

所以，她突然嗫嚅。似乎是，她羞于宣称自己幸福——幸福应该是静默无声的，高调的幸福显得可疑；也羞于宣称自己不幸福——幸福是一种美德，甚至应该是一种自律，你怎么可以让自己生活于不幸福之中？所以她只好虚晃一枪，微笑着说："你看我，像个幸福的人吗？"

他端详了她一秒钟，说："你这种人，应该不太容易幸福。"

她自嘲地笑了一下："每个人的幸福点是不一样的。"

他说："有的人，喜欢自找不幸福。艺术家的生活大都如此。尘世的幸福，对他们没多大意义，因为最吸引他的，不是此岸世界，而是超越性、精神性的彼岸世界。他需要战胜的，是内心永不消停的不满足感与虚空感。"

除非幸福来源于精神上的满足感与成就感，否则它总是单薄易逝。有时候，这一分钟还感觉踏实幸福，下一分钟幸福感就乍然消失了。比如看到一个令人难以释怀的社会负面新闻，会想到这种事情落在自己头上该是多么可怕。这个时候会想，一个人的幸福不足为幸福，一个人的幸福又有什么意义呢？

哲学家斯宾塞说过：“没有人能完全自由，除非所有人完全自由；没有人能完全道德，除非所有人完全道德；没有人能完全快乐，除非所有人完全快乐。”幸福也是一样，幸福都是相对的，是一种生活相对于另一种生活而言的，没有绝对的幸福。

幸福，其实只能是某一时刻某一瞬间的感受，很快会消失或幻灭，不可能长期持续。幸福一旦成为日常，幸福感便成了麻木。

海子为何会在诗中说“明天开始，做一个幸福的人”？为何是明天而不是今天？因为明天遥遥无期，或许永难莅临。可是我们还是会对它怀有期望。也许，有希望在，幸福就不是虚拟的。

他说：“很多事，你相信它，它便是实的；你不信它，它便是虚的。比如艺术，比如宗教，比如幸福。所以需要时常提醒自己的幸福。没有大的幸福，有一些“小确幸”填充生活，也是好的。”

在心里，她是希望自己是个粗人。就是那种粗线条的，不忸怩、不纠结、不腻歪，吃喝穿用都不需要精细，怎么着都能凑合的粗人。

作为一个粗人，才可能化繁为简地应对层出不穷、麻烦不断的生活。粗人，或许意味着对生活有更多的包容，更随意地吸纳，意味着内心的宽广与无畏。

做一个粗人，又有什么不好呢？

成为你自己的拍黄瓜哲学

⊙ 我宁愿他自然生长，不紧不慢，悠游自在。

周日，朋友邀约去黄河边一个休闲农庄玩。

这里天蓝云白，土地松软，有着饱吸雨露之后的润泽；空气芳馨，带有青草花木果实的气息；连阳光都是晶莹的，简直有醉氧的感觉。比之于每天处于闹市区，置身于“水泥森林”、喧嚣嘈杂的生活，在此漫步是一种奢侈。恍然间惊觉自己与自然的疏离。走在这个庄园里，仿佛时光停滞，诸事停歇，岂止是岁月静好，这里的人与万物，都无法不静好的。

我们拿着袋子，采摘庄园里种植的无公害果蔬，西红柿、辣椒、圣女果、甜瓜……

自然生长的植物表皮盈润，饱含汁液，那是饱吸阳光、饱饮雨露，经过充沛生长的样子。红是充分的红，红得不含糊、不混沌、不打折扣，黄是脆生生明亮亮的黄，让人的眼神都要柔和起来。轻轻一碰，它们就会自然从枝条上脱落下来，让人只想把嘴唇凑上去大快朵颐。

中午在农庄吃饭。饭桌上摆的全是农庄里自家生长出来的食物：形状笨拙、颜色暗淡的馒头，却有着谷物天然的颜色与清香，那种粗粝和口感，让吃惯了精细食物的都市人有一种放心的安然。清炒豆角、红烧茄子、虎皮辣椒、凉拌荆芥，无不爽口得令人惊艳。久违的天然蔬菜的味道在唇齿之间缓缓回归，唤醒了我们麻木的、被愚弄已久的味蕾。忽然想起了一位哲学家的话：成为你自己。

在尘世间奔波已久，我们早已面目模糊，远离了本来的最初的自己，就像菜市场的果蔬再难有它们本原的味道一样。当人被改写得面目全非，果蔬也一样难以成为它们自己，这真是人生的吊诡。

饭桌上有位朋友，老家是长垣的，长垣是中国有名的厨师之乡。他忽然问我们："你们会拌黄瓜吗？"

黄瓜谁不会拌呢，太简单了。这个问题让我们有点儿不屑。

"那你们怎么拌呢？"他笑问。

"不就是把黄瓜拍一下，切块或者切片，然后放点小磨油、盐、醋嘛。"我说。还有一朋友说，她喜欢放点儿芝麻酱。

是啊，不就这么多道道吗？还能拌出什么花儿来吗？

长垣的朋友笑了，带着一点儿庄重，说：“你们这都不是最正宗的拌法，你们知道长垣人怎么拌吗？”

“怎么拌？”最简单的事情里能藏着什么不简单？我们都来了兴趣。

“在拌之前，先要用水把黄瓜浸泡两个小时。”他说，带着一点儿神秘。

“先泡两小时？为什么？”我问。一边在心里飞快地算计我下班的时间，加上回家路上的时间，再加上这两小时浸泡黄瓜的时间，那等我吃上调黄瓜已是晚上几点了？我感到时间的局促，有点儿齿冷了。

“我们长垣人觉得，这样拌出的黄瓜才脆才水灵，味道才饱满。”他说。

“然后呢？”我好奇。

“然后用刀背来拍，只能拍一下。你要是一下没拍好，又拍了一下，就不行了，口感就疲软了。所以要掌握好轻重，只能拍一下。”

这么多讲究！简直玄了。我们听得愣了，但我还是信了，接着问：“然后呢？”

“然后，这个拍过的黄瓜，不能竖着切，要把刀平着，从中间切。”

简直大有乾坤了。“还有呢？”我相信这里的奥妙无穷。

“还有，拌黄瓜的这个醋，一定不能用镇江醋。镇江醋太香了，会压住黄瓜本来的味儿。也不能用山西老陈醋，因为太酸了。”

镇江醋和山西醋是市面上公认的最好的醋了。“不用这两种醋那还能用什么醋？”我狐疑。

“要用我们长垣的那种高粱醋。”

“高粱醋？超市有卖吗？在哪能买到？”我连忙问。

“买不到，得自己酿。”他笑了，笑得不动声色。不像是戏弄我们，却分明透着一点儿婉约的得意。

我咽下一口疯狂的唾沫，绝望地想，即便我能花两小时去泡黄瓜，也花不了功夫去自酿这个醋啊。想到自己的人生竟容纳不了一道正宗的拌黄瓜，我一下感到沮丧，以及捉襟见肘的局促感。时间永远都不够用，永远都在赶，永远那么慌张。不仅是没时间，也往往没有心绪。

在这个速度就是一切、速成意味着成功的时代，你还能从容地去做这样一道拌黄瓜吗？

想起前一阵为孩子选择幼儿园时，发现有不少幼儿园竟号称“双语教学”，还配有外教。这真吓着我了——3岁孩子就开始学英语，那他的母语到底是英语还是汉语？我无法想象让孩子在汉语还没说囫囵时，就在他的脑子里植入另外的语种。那真是一种侵略。他真会输在起跑线上吗？我宁愿他自然生长，在自由散漫的空气中，不紧不慢，优游自在。

下次去长垣，一定得去吃上一盘正宗的、味足的拌黄瓜。

穷人的欢乐有更多的触动与泪水

⊙ 一个不太成功的男人更可爱，是因为他还懂得珍爱。

成功人士，留给人群的是华丽的背影。

对不少女人来说，干得好不如嫁得好。能成为成功人士身边的女人，或许是人生幸福的标志。

而实际上，人的时间和精力都是有限的，当比常人更多的外部事务耗尽了成功男人的热情和心力，他还能有多少时间留给身边那个女人？还能有多少亲热的时间和亲热的心情？

何况，成功男人见过更多的风景，经历了更多的生活，身边的生活又如何能给他触动？他甚至早已丧失了对身边温情的感受力。

成功男人的光环其实只属于外人眼里的风景，背转身来，呈给他身边那个女人的往往只是疲沓、倦怠，只剩一个冰冷空虚的空壳。

有个成功人士，30岁出头就登上了他那个领域的巅峰，看惯了鲜花、听惯了掌声。

在外人眼里，他几乎是一个完美的男人。可是一回到他那个装修豪华却只有两个人的家，他就一句话也不愿说，几乎从不主动吐一个字。不要说与老婆亲热了，连给予对方一个拥抱的心思都没有——他们常常一两个月都不碰彼此一下。她对他说什么都不可能提起他的兴趣，甚至只能换来一声冷笑。

对他来说，家里冰冻凝滞的空气似乎更可以不打扰他，让他安心地想事业。

真不知他老婆怎么受得了。我常替她揣度，找这样没一点儿热乎气儿的男人，真还不如找个没什么事业但知冷知热的男人，那至少还可以让生活高潮迭起。

毕竟，生活才是最重要的，内心才是最需要打点的。

女人在背后忍辱含垢地打点他的生活，沉浸在以他为整个世界的弯弯绕绕的心绪里，在他眼里很可能根本就一钱不值——因为只要有钱，那一切统统可以买来。

如果一切都可以拿钱来砸，那一切便都没了趣味。

生活在成功男人背后，女人不仅要忍受自己的黯淡无光，还要承受无价值感的巨大空虚。

所以说，成功男人往往并不可爱。生活在他身边也许感觉更加黑暗、无趣，还要在外人面前虚张声势地装点自己的幸福。

其实，除了物质的丰富之外，与成功男人在一起的精神生活与情感生活，比常人要粗糙100倍。

一个不太成功的男人更可爱，是因为他还懂得珍爱，知道珍惜，会嘘寒问暖、知冷知热，更晓得付出。心里还有激情，眼里还有梦想，还能与他的女人一起分享彼此的心跳。

一个普通人，他的内心往往比有钱人更丰富。因为普通，所以他对生活有更深入的感受，所以才会刻骨铭心。我这倒不是有仇富心理。多少有钱人，他的内心和他的眼神一样苍白。

有句话叫“穷人的欢乐最动人”，因为那里的情感含量更高，有更多的触动与泪水。

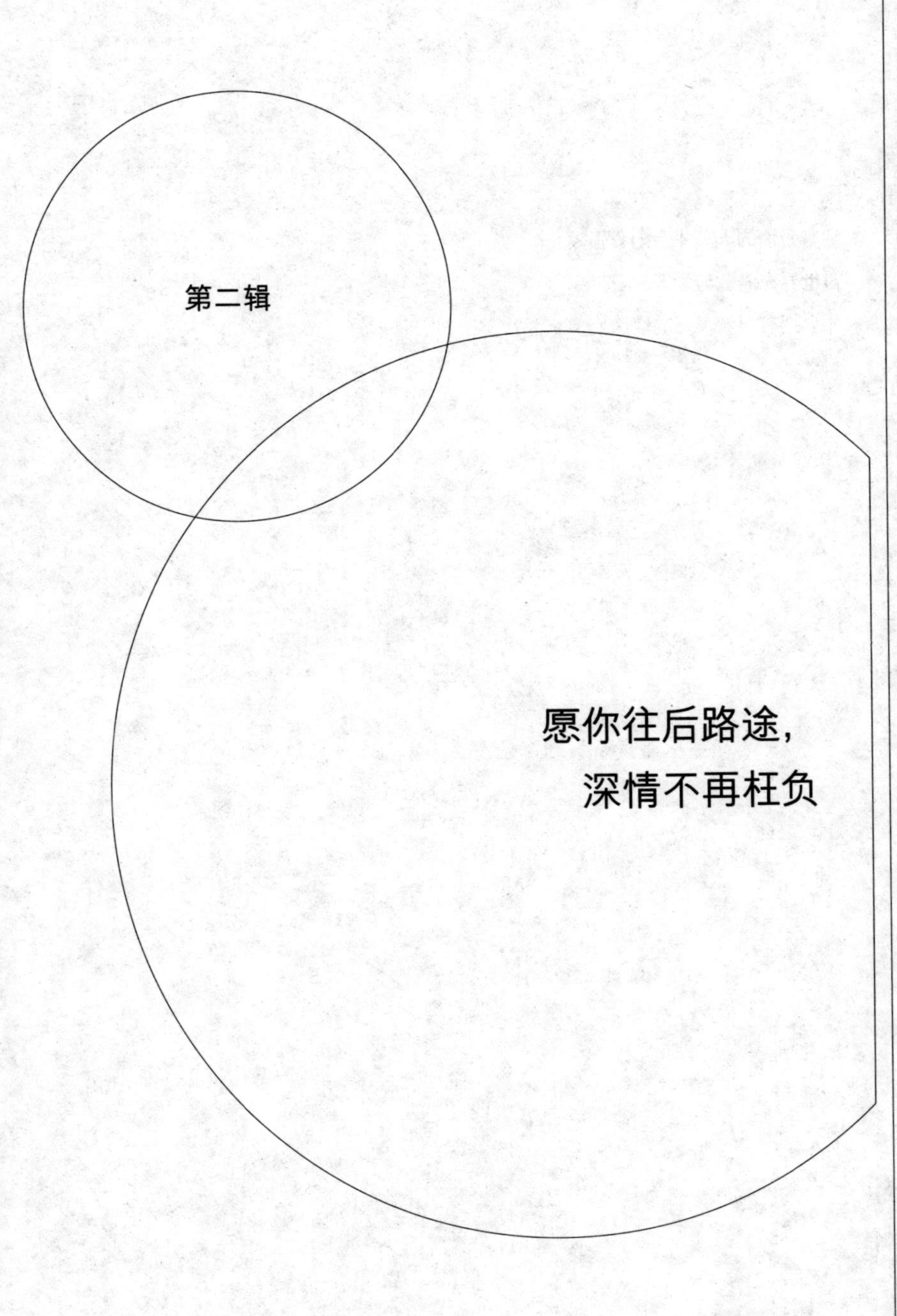

第二辑

愿你往后路途，
深情不再枉负

拥有爱情的人，才会内心强大，

对世界充满敬与爱，

才会拥有温润美好的感情。

招募一个会谈恋爱的人

⊙ 在缘分与命运面前，上帝才是永远的主考官。

这座城市有那么多适龄的未婚男女，可是他们却都找不到自己的另一半，这像一个斯芬克斯之谜。《欲望都市》里这么说。

于千万人之中，没有早一步，也没有晚一步，恰好遇见了……要找到一个对的人，也许需要一辈子的耐心，还需要一点儿“恰好”的运气。

或许恰好，你们遇上了。

女生篇

我觉得我很好，可为什么成了剩女？这个城市有那么多的单身男女，可是我却找不到自己的另一半。

每次相亲，我们都是对方的一次性产品，像彼此的流水生产线。见一次面就走到了彼此的尽头，今生今世不必再相见——相见，也比陌路更陌路。

坐在一起的对话，大都像便秘一样滞涩。我们都成了对方的笑话，也是自己的笑话。遇到一个会谈恋爱的男人这么难吗?

首先，他要会说话。不是巧舌如簧，不是八面玲珑，不是巧言令色。而是说，他的话都是自心底汩汩流出，又表达美好，或者表达可爱，可以把彼此逗笑，而不是比赛矜持。这个要求很过吗？好像只是最基本的要求吧。可是遇到这样的人，却像被流星雨砸上一样难。

糟糕，我可能会有一点儿文字洁癖。因为我相信，他的文字或语言一定与他的内心两相对仗，这是我和他抵达彼此的精神路径。

可是要命的是，不过是说几句话，或者在手机上几个短信回合下来，他的话就已经漏洞百出，让人感觉破碎。无数次相亲，就这样很快便告终了。

与千万年之间，于千万人之中，没有早一步，也没有晚一步，恰好遇见了……这句话，像一个笑话。太多的人，你们见了，也如同没见。不，比没见更糟。没有见，还可以对他存着一点儿念想。一见了，就完了，还为彼此留下一个不能深想的不可理喻或者笑料。

有时候想想，怎么会这样呢？本科的、硕士的、博士的，都见过。为什么大都不堪？起码，能让彼此感觉愉悦的能力都没有。每一次都让人感觉溃败，他们吃的干饭哪里去了，读的书哪里去了？

有钱的总会面目骄矜，笑得不动声色，那样子无疑是要节约脸上的每一寸肌肉的能量。没钱的大都面目模糊，目光闪烁，表情躲闪。几句话下来，便让人倦怠。

是我难侍候，还是他们太单薄？

男生篇

相亲，总是要到那些貌似优雅的消费场所：咖啡馆、西餐店、电影院。每次消费，都铁定由男人买单，这几乎是一个不成文的规定，没有缘由，你甚至没有权利问它为什么，除了服从和遵守。

女人大都剑拔弩张地追求平等，在一切事关权利与待遇方面，可是唯独在买单方面，她们自觉地忘了男女平等这茬事。在一切需要掏腰包的时候，男人买单成了天经地义。

她们脸上往往一幅大小姐或者贵公主的表情，好像女人是比男人高贵的性别。尤其是有几分姿色的，更是“天下溜溜的男子，任我溜溜地求哟”的架势。仿佛她是永远的主考官，我是那动辄得咎的小考生，一切全凭她的拿捏与考量。殊不知，在缘分与命运面前，上帝才是永远的主考官。

男人是该充分尊重和照顾女人，这不错，但那也不意味着就可以把男人肆意踩在脚下，充当女人的冤大头吧！

她们的样子，大都很假。假的妆容，假的表情，假的表白，离她们真实的内心十万八千里。作为男人，我实在没那个耐心穿越那些重峦叠嶂。

你大老远赶过来，和她见面时，她不停地接打电话，不停地低下头看手机，你像是她的一个陪衬，或者只是她这一餐饭的无聊的陪客。做作得一塌糊涂，难道她们在家也那样吃饭吗？

相亲饭，是世界上最累人、最食不知味的饭了。为什么我们不能如同班同学那样说笑，像兄弟姐妹那样和煦？凭什么呢，我和她一样都是父母的心肝宝贝，在她眼里她就是比别人高贵？她享受别人的服务就那么理直气壮？

自己不怎么的，却定要男人必有房有车有存款，她自己又奋斗出了什么呢？这真是天底下最强盗、最霸王的道理。可是，它却一直那么畅通无阻。

几乎每一次相亲，都是一轮憋屈难耐。

结局

这个夜晚，她和他都在想，要在网上发一个帖子，题目就叫：招募，一个会谈恋爱的人。

世间没有那么多一见钟情

⊙ 刹那间的交融也会让人不管不顾，放下一切。

在办公室一直忙到晚上7点半才结束，想出去好好吃顿饭，犒劳一下自己，一个人吃又觉无趣，忍不住在QQ上的一个群里吆喝：一起去吃饭吧，有人响应不？

群里有的人说吃过了，有的说我吃饭的地方离她太远，只有作罢，还有一个说：你自己去，说不定会有巧遇的。

我恶狠狠地说：我自己去过好多次了，从没有过。早死了这颗心了。

人海茫茫，凭什么可以信任呼啦啦飞来的一场巧遇呢？宁愿要人介绍，也不相信巧遇；宁肯没有意外，也不要有可能的风险。人们普遍更愿意相信熟识的人：亲友、同学、同事。来自陌生人那里的温暖与情意，擦出的火花与激荡，很容易自然夭折，零落成泥碾作尘，根本就无从生长。

相比之下，西方电影里表现的那些巧遇却那么可爱。《泰坦尼克号》里，甲板上的巧遇也可以一生一世。刹那的激情也可以永恒。

看过一个电影叫《嫁给一个黑手党》，一男一女在舞会上结识，两个人跳得很默契，他们很少说话，只用眼神，看对方的眼神都那么勾魂夺魄。跳着跳着两人就心照不宣地奔向一个旅馆……

一场激情过后，女人坐在窗前问：我叫某某某，你呢？这样的巧遇自然、平静、自足。没有内心的冲撞，没有精神的审判与压力。但我们做不到。

我们总认为，一见面就动心又动身的爱，是低级的，不可信赖的。其实，有时候，刹那间眼神的交会，也会透露一个人前世与今生的全部讯息；刹那间的交融也会让人不管不顾，放下一切。

年轻的时候，走在校园里，也曾有男生对我吹起响亮的口哨，故意大声地唱起一首流行情歌。面对我矜持的一笑，他们看我的眼神是犹疑的，不自然的，是随时准备撤退的，所以我们不可能有巧遇。

20多岁的时候，晚上十点钟回我租住的那栋楼时，与一男的在楼梯上擦肩而过，他起兴地说“去跳舞吧”，我平淡地说不去。他好像就住我楼上，显然是看到我时产生的一个突发的邀请，说话时涎着脸，眼神里还透着淫邪。和这样的人，更不会有巧遇。

在一次聚会上遇一男子，他说话有趣并且真实大胆。真实大胆的人会让我肃然起敬。我正与他说得风生水起、铿锵作响时，一直跟随身边的博士女友拽住我，小声说："别跟他说了。"我说没事的。她对生人一向严防死守，十二万分的戒备。她说："你看我们都不认识，他说话就这样，走吧走吧。"然后不由分说连拉带拽地把我带走——一场巧遇没来得及惊艳就终结了。

为什么发生有质量的巧遇好难？因为缺乏释放自己真实身心的氛围。要么就是走向低级与污秽，让人不堪。

说的是"男人不坏，女人不爱"，其实"坏"也是很见水平的，不是谁都能"坏"得恰到好处的。

孔子说过"乐而不淫，哀而不伤"，对男人来说，如何能"坏"得让人心潮涌动，又不失双方的尊严与人格，才是上品。

拜托，你会不会谈恋爱?

⊙ 唯有真爱，并且有对这份爱的独特迷人的表达，方能让人沉醉。

会谈恋爱的人，首先得是会爱的人，也一定是内心有景象的人，比如沈从文，比如钱钟书。

女友对我说，她在一个著名的婚恋交友网站注册后，常有异性写信给她。可是，往往只是寥寥几句话，还有刺眼的错别字，要么就是最后一句话后面是逗号。她气急败坏地说："第一次写信，对我老人家就这么粗糙——当然也是对他自己的粗糙——实在受不了。"

我理解她的心情。

一件看似简单的小事，也会彰显一个人的内心质地。

文字迷人，是一个人内心迷人的体现；文字丰饶，是一个人内心丰饶的表现。那么文字的粗糙而不恭谨呢？一定也是他内心不够恭谨的表现。

一上来就粗枝大叶的人，如何能说服自己和他继续？哪怕他的注册资料上写的再怎么多金、多才，对于满心期待的女人来说，感觉一旦受损，还是难以为继。

想起了叶芝的那首诗《当你老了》：

多少人爱你青春欢畅的时辰/爱慕你的美丽/假意或者真心/只有一个人爱你那朝圣者的灵魂/爱你衰老了的脸上痛苦的皱纹。

多年前读书时，与室友谈起过这首诗，大家一致认为：一个人内心有这样的情愫，又有如此真切动人的表达，该让对方感觉何等的幸福甜蜜！

很多人，有爱，但不会表达，到底是缺憾；有的人，有这般动人的表达，但不是出自真情，他的表达与他的内心未必同步，更不可取。唯有真爱，并且有对这份爱的独特迷人的表达，方能让人沉醉。它需要这个人有深刻的情感，还有内心的景象。

奔三的女友，马不停蹄地相亲，却屡屡无疾而终。她说最让她感觉奇怪的是，有的人吧，见过两三面就断了，一个多月再无联系，忽然有一天，会发短信来说：想你。

两个人，都在同一个城市，距离也不过几公里远，想见面容易得很，可是，好像突然想起你，想起这一茬事似的，上来就跟你说想你——仿佛那一个多月的空白可以一笔勾销，仿佛昨天刚刚联系过，让你不知该感觉悲愤还是搞笑。要说也都三十多岁的人了，怎么还这么没谱呢？

女友很抓狂。

我说："下一次再遇到这样的，你一定要对他说，拜托，你会不会谈恋爱？"

什么男人才是心目中的好男人

⊙ 他知道如何把一碗简单的鸡蛋面做得更有味道，然后安享它。

相亲N年，阅人无数、屡战屡败的女友跟我说："不知道现在的好男人是熊猫一样的珍稀动物，还是已绝迹的恐龙。"

我说："遇上好男人，需要能力，更需要运气吧！"

她说："我以为我想要的很简单。"

我说："说来听听。"

女友来了劲头，颇有声势地说："他应该是这个样子，首先，他不是下半身动物，而是全身心动物。所以他绝不花心。这是我想象的好男人的底线。"

我说："从动物到人是难的，从人回到动物其实也不容易。花心是回到一种纯粹动物性的身体快感，对于一个好男人来说，应该是很难的。"

女友接着说："对待女人，他当然是宁缺毋滥。他愿意等，有一直等下去的耐心。

“他应该有一些精神的洁癖，要保持内心的纯洁。所以他坦诚，不喜欢自欺欺人。不愿意说的事情，他可以不说；可是他说了的，就一定是真的。

“他可以一点儿也不帅，可是他一定要可爱，富有情趣。让你感觉有他在，空气都是可爱的，活着更是可爱的。

“他与我要有共同的精神生活，相似的内心感受，所以我们那么懂得彼此。面对美丽的景致，一切美好的事物，我们无须言语，只是眼神感应、内心静默，或者安静地亲吻。因为我们那么深知彼此的一切，无须聒噪。

“他知道如何去爱，并且有爱的能力与技巧，所以我们能身心契合。

“他可以有钱，但再多的钱也不会给他带来坏脾气、不安分、自大、轻狂，因为他深知每一个人的卑微、无助与虚弱。”

我莞尔：“他也可以没有钱，但这并没有损毁他的心力，不会有落魄感。因为他知道如何把一碗简单的鸡蛋面做得更有味道，然后安享它。”

女友大呼“知音”，最后我总结道：“最重要的一点，是他有悲悯之心。因为悲悯，他或许并不会很幸福很快乐，可是他安静、宽广、无边无际。”

女友亦悲亦喜："最懂我的还是你呀，这样的男人也许还有，只是没能被我遇上？"

我笑："这样的男人，只是传说中的好男人吧。现实中，谁见过？"

所谓好男人：

他知道如何去爱，并且有爱的能力与技巧。

他可以有钱，但再多的钱也不会给他带来坏脾气、不安分、自大、轻狂、无趣，他深知每一个人的卑微、无助与虚弱。

他也可以没有钱，但这并没有损毁他的心力。因为他知道如何把一碗简单的鸡蛋面做得更有味道，然后安享它。

——你会遇上这样的好男人吗？如果遇不上，就把你身边的那位塑造成这样的人！

从此以后，你睡在我的记忆里

⊙ 她一个人跳舞，纵是女王，也无意义。

时隔两年，当年内心的火，现在连水都不是了，都成了灰。现在，他对她滔滔不绝，倾尽心力。她看着他丰富的眼神、用力的表情，想着与他之间的可能。可是她的心里，已然再不会为他激荡。她无能为力。

有些人，一旦错过就不再。

当感觉到他们的关系必然终结，她在QQ上给他发了两句诗：

从此以后，你睡在我的记忆里，我醒在你的血液里。

以此作别。不过是她一个人的告别。忘了以前是在哪里看过的诗，那种绝望的深情表达，好像天生适合用来与他诀别。

对他，还会有情意，却不会再有念想。对他的爱，终于被他扼杀干净，现在，她要携着它们的尸骨继续前行。还有一句话，不知是写给他还是写给自己，是她在心里对他们关系的祭语：

没有你，我只有堕落。

他也许不会明白这句话。他并不知晓他对于她的意义。他是一个唯真唯美、唯艺术唯自我的人，人群中的异数，带着杀气腾腾的邪气。只有他能做到那样，有那样的决然与纯粹，出乎天然，无耻到无邪。也许只有和他在一起，才能进入那样的生活，有那样恣肆的精神与放纵的内心。他有席卷一切的能力，有碾碎尘世的力量。没有他，她只能再次陷入庸碌琐碎、虚假浅薄。

他一直挥霍着她对他的情意，直到现在，终于把她所有的希望扑灭干净。

认识他时，她已与男友同居两年。他们的生活平铺直叙，一切都毋庸置疑。男友视她如女王，欣赏和服膺她的一切。直到突然遇到了他。第一次见他时，是几个人坐在一起说话，他不停地挥舞丰富的手势，大开大阖，眼神非常直白，气势不可抵挡，所有人的意识都被他主宰，他决定着所有话题的方向与格调。他是疾风，是骤雨，不由分说地扫荡她的内心。

在这样一个男人面前，她突然看到自己原有生活的局促。无法呼吸。忽然感觉，男友从未给她带来过心智的挑战，她是在一个人跳舞，纵是女王，也无意义。她一直在被动中忍受倦意。

有天晚上，她和他在QQ上聊天，第一次，他们就从深夜聊至黎明。穿越所有的深不可测与难以启齿。窗外天光大亮的时候，她感觉到一种羞耻的快意。无限放飞的快感，每一个毛孔都被开启的恣意。

他是疯狂的漩涡，她一头陷进漩涡的黑洞。

她终于弃绝了过往的生活，只为了一个未知——与这样一个男人的将来，其实是不能深想的未知。他从无定数，从未给她带来内心的满足与快慰，可是告别这一切，依然如同血肉剥离。告别一个人，就是告别一段生活，就是斩断一部分自我。需要穿越钻心痛楚与无限黑暗。可是，她这样的女人，总是宁要痛感，也不能忍受无味感。总是把自己推向悬崖，感受深渊。

她终于卸下一切，重新归零。原以为，他们会更好地在一起，可是却没有。他常常忘掉她，想不起她的存在。每一次在一起，他都只会给她带来伤口。她的刺痛，仿佛能给他带来快意，让他感受自己的力量。

所有的爱都没有甜蜜，只是疼痛，内心的疼痛。

她感受着他对她的压迫与打击，深彻的疼痛。有时候，疼痛也有快意，绝望的快意。愈爱愈绝望，愈绝望愈爱。可是，疼痛只是她自己的事件，只会让他感觉不那么痛快。终于，很多天过去了，他没有再与她联系。

无声无息。

她等了又等，一天又一天。后来她生病了，身体虚弱，躺在床上看窗外的天一点点走向漆黑，在暗无天日里感受内心的难耐。有一分钟，她终于崩溃，拿起枕边的手机打电话给他，问他能不能过来看她。他答应了，可是却没有来。他说他有事。一点儿小事，也比她重要。

现实永远比她想象的冷血。

她告诉他自己病了。他说："你病了，我过去，你的病也好不了啊。吃点儿药吧，自己去买点儿药吃就好了。"她听着电话那边他无所谓的口气，咬着嘴唇没有说话。也好，可以放弃最后一丝幻想。结束与他的一切，以最绝望的心态。

她对自己冷笑，就像生活对她冷笑。

早知如此，明知如此，可还是跌跌撞撞走到这一刻，见证自己的头破血流。他并不会珍惜她，他以为他可以随心所欲地挥霍她，以为永远可以在她面前放肆，在她面前撒娇，她永远会在原地等他。这回，一定要转身，永不回头。不懂得珍惜她的人，也不值得得到她的珍惜。

他一向玩世不恭。对世界，对生活，当然也包括对她。当初也是因为这个，他致命地吸引了她。他的心不受任何羁绊，而她，20多年来都是缩手缩脚过来的。现在，也是同样的理由，她无法消受他。

要命的是，她发现自己竟怀孕了。这是她得到的最大报应，她想。没有告诉他，她一个人去了医院。这是命运给她的一记耳光。

一切都是自己的罪。纵然罪在他，也是自己给了他罪的机会。所有的事情，自己才是自己永远的刽子手，她很清楚。

一个月后的一个周末，子夜时分，他给她发短信，很长的一条短信，向她述说自己的生活，那口气仿佛一切如常，仿佛昨天他们刚刚见过面。对那些空白的日子，他置若罔闻，对于她一个人穿越的空洞与黑暗，他好像无知无觉。

最后他嬉笑着问她："你堕落了吗，乖？"他对他们的关系还是很有自信的。他以为她还会在原地等他。他以为，他们都会是对方的独一无二。她没有回复，关掉手机。有些东西一旦走掉，就再也不会回来。心已成灰，无法复燃。

之后他一条又一条地发短信给她，她都没有理会。犹如坠入尘埃里的一滴水，无法唤起。她已经在心里把他删除。

在心里的结束，是最大的结束。

没有了他，她终于明白什么叫无爱一身轻。没有爱和男人的生活，犹如深夜纯白的花朵，恬然自足。她成了面容沉静的女子。已经没有什么可以让她吃惊，没有什么可以让人激荡。经历了那样的黑暗，也没有什么可以让她恐惧。

两年过去了。

这两年里，他靠近或被靠近过一个又一个女子，往往一场聊天下来，他用几句唐诗几首宋词，或者几个典故几段历史，就能把对方打倒，让她们不知东西、难以自拔。太好哄了。简直都够不上挑战。接下来便是见面……来复来，去复去。最终，那些女人又像流沙一样从他的指间漏下。终于有一天，他感觉窒息。没有人可以成为他精神的投射。没有了她，他的灵魂无从对接。她是他越来越久远，也越来越清晰的记忆。他这才知道，她是他的沧海，无法跨越。

两年。他们中间，横亘着一条两年的鸿沟，可是他还是来找她了。

在她家里，他们一起吃的晚饭。她做的饭，很简单的招待，像接待一个多年君子之交的故人，但却有家庭生活的温柔氛围。她端上来的菜里有氤氲的热气，让他的眼睛都要湿了，他的心疼了一下，他错过她太多太多了。那一刹那间他明白，这样的生活，有烟火气息与温暖的生活，才是他的归宿。

她看上去身心恬淡。当年内心的火，现在连水都不是了，都成了灰。现在，他对她滔滔不绝，倾尽心力。她看着他丰富的眼神、用力的表情，也在想着与他之间的可能。可是，她的心里，已然再不会为他激荡。她无能为力。

饭后，他坚持他来洗碗。她便随他。厨房里传来“哗啦哗啦”的水流声，他在细致地洗碗，以他从不曾有的姿态。她躺在沙发上看报纸。20分钟过去了，报纸从头翻到尾，他还没出来。

不过就是两个碗，她去厨房看他。他说灶台太脏了，我帮你好好清理一下。她说不必，不用管那些，我定期让家政清理一次就可以了。他说那怎么行，我看不下去。他洗得十分卖力。又过了20分钟，他还是没有出来。

她坐不住了，再次去看他，看见他已卷起袖子，一手钢丝球一手抹布，额头上是细密的汗珠，像对待艺术品一样对待他素不问津的厨房，很有耐心地对待那些油迹与污渍。看一个男人为自己这样，她感觉不堪。她不习惯别人为自己服务。可是他干劲热烈，不弄彻底就不结束。

他终于走出来。她看看表，他整整打扫了一个半小时。她随他去看清理过的厨房：雪白如新的台面，清洁明亮的灶台，简直换了一个世界。他满意地看着自己的作品对她笑，隆重地抱起了她。

她茫然地感受着他的拥抱，一个如此遥远的拥抱。那一刻，她感觉生活比梦更不真实，更不可信任。两年过去，生活终于把他还原成一个家常的男人。可是她的心，早已从原处消失，无法复原。

世界，永远都是这么滑稽。

你喜欢酷，还是足够的温度

⊙ 不是他冷酷，是现实早已没收了他所有的温度。

他已想不起第一次他们是怎么聊上的。他每天都挂在网上，找他搭讪的女人多如过江之鲫。

和那些女人聊天，有的有趣，就多说几句；有的无趣，几句话就到了尽头。他早已不记得第一次她在QQ上与他具体说了什么，只是记得她特别大胆狂放，好像他们已认识多年。她的表现让他心里感到一点儿震动，于是微微一笑。

然后他便让她发照片。直言不讳地告诉她：只有兴趣和美女聊天。她好像并不乐意，略微挣扎了一下，还是发了，看来是不想因此僵住，想让他们的聊天继续下去——还算是一个懂事痛快的女人。

照片上的她年轻朴素，眼神看着远处，笑容不是很铺展，而是节制、飘忽，有些惘然——这使她的笑看起来更有味道，更有内容。

他打量着这张照片，感受着她的音容笑貌，聊天的兴致更高了一点儿。

于是他们越发聊得真实坦荡。在现实中，人离得越近，遮蔽得就越多。她的表现是自然通透的，给了他足够力度的新鲜感。这个女人，不搔首弄姿，不忸怩作态，不假装清纯。他要求的风格是大气磅礴，横扫一切。尤其是在网上。他最不待见那种装模作样，一招一式涂脂抹粉的女人，他没有耐心奉陪两分钟以上。

他们旗鼓相当。她不像有的女人让人觉出粗鄙下作，倒是让人觉出一种可爱的优雅，哪怕说起秘不示人的话题，她也能持有一种形而上的意味。

这样一种聊天的感觉，在他庞杂的聊天史上，并不多得。

后来他们见了面。并不是刻意的见面，也并没有刻意地不见。自然，并且有一点儿由头地见了。

第一次见面，他拉了她的手，还抱了她。恰到好处地表现了对她的向往。她似有羞涩或不适，可也恰到好处地配合了他。一切都让人意犹未尽。她宁愿意犹未尽。这种时候，她是主人。

第二次见面，她的表现有一点儿局促，有一点儿犹疑，有一点儿紧张，故事到最后还是发生了。事后，她在低下头去系鞋带的时候，吞吞吐吐地问他："你，是不是，觉得，我是……很随便的人啊？"

他笑起来，笑得放肆，说："就是！我觉得你太随便了！特别随便的一个人。"

他脸上全是故意戏弄她的表情。她咬了咬嘴唇，也笑了，不太自然，有点儿自嘲。她想告诉他，这种情况对她来说，其实是第一次。又感觉这样说多余，甚至显得虚假，索性沉默。

离开的时候，她第一次主动抱住他，在他的脖子上吻了一下。他却什么表示也没有。当一切都已发生，他便骤然由主动走向被动，并且毫不掩饰。

她感受到了，感受到空气的寒冷，可是只有对自己冷笑。必须让自己接受这一切。

她很想问他：以后我们怎么办？她的意思是说，我们以后还联系吗，还要见面吗，诸如此类。只是问问而已，没有任何期待地问，真不真假不假地问而已。可是又觉得这样的问题羞于出口。

他显然并不关心这样的问题，甚至想都不会去想，那她为何要问。

所以，她只能再次沉默。

男人、女人，当彼此最大化地获得对方时，往往也是淘空彼此时。撑起来的一切，都颓然倒下。对他来说，其实是没有后来的，只有他生活里闯进来的这样那样的新的开始。很多的男人都会乐此不疲，只不过，他更不掩饰、更加真实而已。

后来，他有时会收到她的短信，有时是她在网上给他的留言，感受丰富、内心幽深的那种，他都没怎么回。

她的那些文字，似乎是恋人一样的感觉，恋爱一样的心迹，他只一笑而过，然后删掉。

她不是拎不清的女人，可是还这样老套，他有一点儿遗憾。

他一直坚持不蹚爱情那道浑水。他的字典里久已没有爱情的位置。女人的那点儿小心思，她的翻江倒海死去活来，其实都是提不起来的芝麻大点儿的小零碎。他没有兴趣深究，更无义务奉陪。他对她的心思都可以想象，却几乎从不想象。他不需要让那样的事情占领他的内心。天地何其大，生动可爱的女人何其多，他为何要像她一样不觉悟地只执迷于一个，而且还是最不踏实的一个？

他从不关注她的后来，但还是不期然地看到她写的文章，她在一家杂志上开的情感专栏。那些文字密密麻麻也不过只写了一个字：情，或爱。文字里充满了自我撕裂与身心倾轧。

看得出来，对待感情，她完全是受虐狂的心态。如果得不到他的爱，那她就要从他那里得到痛苦。所以她深陷其中，不求解脱。越是痛苦，她对他的感受就越强烈，她的自我就越能放大，她的存在感就越强，也似乎她活得就越有深度。她需要这样的强烈与浓烈，他完全成了她折射自我的镜像。

有的人就是这样，宁愿不要快乐，因为快乐远不足以让她们感受自己灵魂的深度和内心的强度。痛苦，也是一种快意。这种快意，是致命的毒。

她放任自己于不可救的痛苦之中，只能说明她是个自虐狂。青青翠竹，悉是法身；郁郁黄花，无非般若。这道理她不懂吗？她放着身边可得的温暖不要，走过无数风景而不自知，偏要追寻杳不可追的他，做人何苦这么偏执？享受生命都还来不及，为何还要自虐？

其实他也搞不懂，对她那样的女人，他越酷，就越让她们搞不懂，她们好像就越是来劲，要倒贴上来。这算不算他作为男人的一种战绩呢？真是天知道。

她文字里的那个她，真叫一个决绝。好像是要用他给予的痛苦杀死自己。其实他印象里的她，倒还平淡，表情平淡，心迹平淡，一切了然于心的平淡。想必她应该明白，凡所有相，皆是虚妄。她那些文字里，写尽了对他的诘问审判。

他就不信，难道没有了他，她会熬死自己不成？那些所谓痴情，所谓刚烈，所谓“弱水三千，只取一瓢饮”，他才不信。如果她宁愿这样，那怨不得他，一切都是她自己的选择，与他有什么相干？对她由性而生发的所谓爱情，他不会回馈一个字。

不是他冷酷，是现实早已没收了他所有的温度，他的经历早已把他所有的柔情蜜意扫荡干净。

对于这种男人，一开始，你可能很容易为他的真实不矫饰叫好，你喜欢那样的酷。直到后来，当你把自己的一切都搭进去之后，才发现你还是需要一个男人给你足够的温度。

想要一个情意无限的爱人

⊙ 温柔心性，不过是对世界怀有的情意。

他要有最温柔的心性，最甜蜜的心意，最强悍的爱情，最悲悯的情怀。

世界之大，却容不下有如此心性的男人？

对一个人最大的失望，是对他人格的失望。

失望是黑色的，像黑色的雨水，让内心的窒息暴涨。

深夜里，总是要被绝望的洪峰淹没。

听到的与看到的，总是不一样。你所说的与你所做的，总是背道而驰。

越来越不能忍受一个人的做作。因为你格外的自尊，格外的虚弱，格外地想要不同凡响。

这种戏，多么老套。我需要佯装无知。

相逢，相约，相会，来不及升腾所有温柔的心事，来不及浸泡所有甜蜜的想象，就仓促又粗陋地把彼此消耗干净。猝不及防，就已走至彼此的尽头。

那个尽头，是你我的荒原。

总是很快，就走向溃败。

我不知是该祭悼彼此，还是需索安慰。

事实却是，无力安慰。

我看着我们的碎片发呆。

温柔心性，不过是对世界怀有的情意，对爱人持有的心意。就要那种滴血的温柔，就要那种永不变色的温柔。

世界之大，却容不下有如此心性的男人。他们早已把自己消灭，或者被世界消灭。

那个甜蜜可爱的爱人，永不再来。他只会在我缤纷的想象里，独自起舞，黯然销魂。

相看两不厌，唯有在梦中。

请来一个不是放纵的放纵

⊙ 真心，真意，真情，总是让人害羞。以至于，她无法表达自己。

他和她，彼此深有好感，却又不能深入。因为现实，因为矜持，因为一切的未知与茫然。

思想太多，自然少了行动的能力。何况，行动之后又如何呢？也许，不过是收获更多的茫然与虚空。

他们天各一方。很多时候，也会想起对方，却并不联络。或许是因为，他们都把那种关系看得太重，所以绝不轻易联系。世事太轻，他们经不起那种联络的重量。

对生活，他们早已不指望更多。也都明白，安守现状，未必不是一种智慧。

所以，他们之间的很多东西都飘在空中，上不去也下不来。于是很多眼神、很多对话、很多举止，都有了似有还无的意味。只有他们能懂。那些无从言说的细枝末节，一点一点地沉积在他们的内心。也许有一天会倏然爆破，当然，更大的可能是就那样永远地静默如山。他们可以佯装无知。

又一次，因为一个偶然，他们再次相聚，在一起亲密接触了几天。玩也玩了，笑也笑了，闹也闹了，与很多的人在一起。人多，是一种很好的遮蔽。屏蔽了很多暧昧，掩饰了很多意味深长。一切都光明正大，堂而皇之。一切都清楚明白，经得起推敲。

这似乎正是他们想要的，又似乎并不是他们想要的。

有时候，抱残守缺才是最好的境界吧，她这样想。她并不想对生活更贪心。什么都没有发生，又有什么不好呢？每一分钟再好或者再不好，都会逝去。而他们还安然地站在原地，一切还可以继续。哪怕是一个并无期待的未来。

几天的相聚很快过去。在机场临别时，她本想与他结结实实地拥抱一下告别的。一个实实在在的拥抱，感受彼此一刹那体温的交融，一瞬间肌肤的密触，一秒钟内心的点燃，一时间灵魂的交际。一个不是放纵的放纵。她很想这样。

握手时的那一瞬间，他们却都犹疑了一下，一个软弱的犹疑。他们似乎都在期待，期待对方的主动，只准备迎接对方率先张开的双臂。两个人的眼睛里，有东西闪闪发亮，却又即刻归于平静，归于正常，以一种貌似并无期待的样子，所以两只握着的手很快分开。虽然那一刻的内心有些沸腾、蠢蠢欲动，情绪的热度却没能跟上来。她害羞，他矜持，眨眼之间，空气熄灭，拥抱便无从接续，他们的身体重又回归原来的位置。一个想象中陷入彼此怀抱的热烈，转眼成空。

看着他远去的背影，她的嘴唇差点儿咬烂了。这该死的矜持。

为什么总是表现出相反的面目呢？她本可以大大方方、热热烈烈地上前与他拥抱的，以一种大大咧咧满不在乎的劲头，表达那个秘而不宣的真情与深意。

可是，真心、真意、真情总是让人害羞，以至于她无法表达自己。反倒是与那些没有交付、没有投入关系的人，她可以有恃无恐、没心没肺地表达。她驾轻就熟地与那些人假装暧昧、故作深情，没有感觉地拥抱。

一个拥抱算得了什么呢，初次见面的人，或者将要告别的人，来个大大的拥抱，并不附庸任何的意义，转身即忘。可是他们竟然连一个这样的拥抱都没有。

送走他，回到车上，电台里传来周华健的歌声：

朋友一生一起走，那些日子不再有。一句话，一辈子，一生情，一杯酒。朋友不曾孤单过，一声朋友你会懂。还有伤，还有痛，还要走，还有我……

可是，真正的我，却在哪里呢？那个未竟的拥抱，绞痛了她的心。

就算欺骗得了别人，却欺骗不了自己的感觉

⊙ 很多时候，他们互为对方的异数。

代沟的意思，人都明白，“性沟”这个词则是从代沟一词化用而来，意指男女之间由于性别不同，而带来的身心之间的差异与沟壑：生理的、心理的、社会的、历史的、文化的、与生俱来的或后天形成的。

刘若英接受采访被问及最喜欢的动物时，她回答：男人。

这回答真够可爱的。

一部人类史，说白了不过就是为食与色纷争的历史。只是男人与女人再怎么相爱，再怎么难分难解，也难以抹平他们之间深深的性沟，很多时候，他们互为对方的异数。

就因为这个性沟，这世间才会有那么多的错位，那么多的惨烈，那么多的血泪，那么多的爱恨情仇。

男人是更身体性的，女人是更精神性的。

比如，一对刚刚开始彼此有意的男女，女人想要的是和他有心的交流，一个深深的拥抱便让她觉得幸福，一个亲吻便让她觉得销魂，她让自己的情感在那里发酵、升腾，并在这种体验中沉醉。

可是男人往往无意于她丰盈的内心，她那些细密窸窣的心事，以及那里的千回百转。他只是在想，她的身体何时能向他敞开，让他一览无余。

从这个意义来说，女人更是体验性的——体验自己的与对方的内心，并且唯有在深深的体验中，才能感受自身；而男人更是消费性的——消费彼此的身体，并且只有在消费中才能拥有获得的快感。

在两人的关系中，他要的是身体的纠缠、兴奋与满足。对他来说更有意义的是新鲜的肉体，哪怕他们相知不深，他也有对她肉体的探索欲望。

女人每一句话的深意，她精心准备的种种精神细节，在他那里都没多大用武之地，因为事毕之后，他能想起的往往不是这些，或者不主要是这些。

女人最需要的是心理高潮，那种被爱、被珍视、被看重的感受。更想要的是情感的缠绵，是在深情里深深地陷落，并且从中找到存在感、被需要感与满足感，那是世间最让人迷恋的感觉：高山流水，心有灵犀，彼此无猜，互相寻找之后的相遇……那是生命里无可挣扎的惊喜。对于女人来说，生命止于那一刻，甚至只有那一刻。

女人的性与爱更具排他性、唯一性，要的就是那种舍他其谁。就像艾敬的一句歌词：但愿一生只吻过一个人——说尽了女人对理想爱情的幻想：纯净，永恒，直至终老。

不知有多少男人，和老婆关系还相当不错，可一样会出轨，并且没有多少负疚感。可女人就很难容忍那种身心的分裂，就算欺骗得了别人，却欺骗不了自己的感觉。

对女人来说，心在哪里，身便在哪里。

一个男人，如果不懂得尊重和珍惜女人，不能感受她内心的那些柔软与牵痛，那他便不值得女人珍重和喜爱。

一个女人，只有当她足以安慰男人的身体以及他身体背后的虚空与虚弱，她才可能长驻男人的心。

学会让自己什么感觉也没有

⊙ 在感情面前，女人都是抒情文，男人却只是记叙文。

她是在网络上认识的他，因为看到他写的东西。他文字里的真实、大胆，让她震惊。所以，她在网上和他说的第一句话就直逼核心，平生第一次放弃所有的扭捏、装模作样。他们从一开始就百无禁忌，真是从未有过的奇妙境界。

生活中，有多少人你们都认识好多年了，还停留在虚与委蛇的阶段。从那以后，她再也受不了那些网上的无谓搭讪，那些人上来三句话还没扯到正题，你弄不明白他到底要和你说什么。她只有一分钟的耐心。下一分钟还在说废话，她就焦虑得不行，马上把他拉到黑名单。

因为，她经历了他，内心从此不同。后来他们见了面，他一下子就和她进入了亲密的境地，有被刷新的感觉。这一次是他们第四次见面。他们相隔很远，每一次见面都是不易。

夏日的夜晚，宽阔的马路上。他们走在人行道上，依偎在一起。炎热的夜晚，他们形体的亲昵，吸引过一个又一个路人的目光。那些目光，让她的心里生出一丝骄傲：就要那么恣意。在路人眼里，看他们这样亲昵，以为他们会一生一世，却不知下一分钟他们就要告别，然后相忘于江湖。

他们没有打车，就那么走下去。一路上，他几乎没怎么和她聊天，却也并未感觉不适难忍。千言万语，终还是化为不言不语。他们不需要刻意找话说。他们的眼神、内心都在说着一个词：茫然。

对成功的渴求、对声名的焦虑，早已抽空了他的内心，让那里的水分都变成了石头。她偶尔侧过脸来和他说话，总是不由自主地就让自己说得飞快，不想停下来。她说的话总是充满感叹号和问号，是抒情，是诘问；他说的话却只有逗号和句号，是平铺直叙。

也许，在感情面前，女人都是抒情文，男人却只是记叙文。

他们只见过三四面，却已像老夫老妻。保持这一路上的相濡以沫。

他们绝对不会说爱。如果她对他表示深情，对他只会是一种妨碍，甚至是伤害。他更不会对她表示深情。他冷硬的生活，他要面对的坚硬现实，早已不允许他内心里还有温软的虚无缥缈的东西生长。所以，像深情那些不着边的东西，早已被他取缔，或是被生活取缔。他早已成为都市里的冷面人，生活早已让他喘不过气来。

现在城市里最大的奢侈是什么呢，最不可信赖的又是什么呢？

也许就是爱吧。

终于走到她住的地方。他们在月光斑驳的树影下告别。他什么也没说，告别也无语。

也许，已没有伤感，当伤感也显得苍白。

也许，已无甚留恋，当留恋也是虚空。

想到这一层，她不知是该对自己微笑，还是疼痛。

也许什么也没有。

也许，她应该学会让自己什么感觉也没有，只有平静。

更好地拥有每一种曾经

⊙ 越是走向时光的深处，越是感觉世界的不可信赖。

你们相距不远，可是今天，你突然想知道他的邮箱。他不在身边的时候，你可以给他写信。

虽然有电话、手机、网络，可是你想，那是不一样的。

你想要在某一时刻，对他进行某种心迹的记载和流露。

你越来越觉得，这个世界，好像越来越令人恐慌了。地震、空难、车祸、暴雨、泥石流、甲型H1N1……那么多的飞来横祸，猝不及防。世界仿佛日益摇摆不定，让人感觉有把握的事越来越少了。

越是走向时光的深处，越是感觉世界的不可信赖。

当生命停息，一切在刹那间被取消，可能只有文字有痕。爱意更需要有痕。

给他写信，其实也是写给你自己。在书写中，你才能更好地拥有每一种曾经，并得以清理自己。

仿佛只有书写才能真实地握住爱意。仿佛，只有让爱有形化、具象化，伫立在你的眼前、心底，它才不会溜走。

文字会让刹那成为永久。

你想，当你们老了，还可以抚摸、感受那时的心跳。

爱将你充实，也把你抽空。你爱到了一旦感觉不到他的存在，就会感觉恐慌、空洞。像母亲对走出自己视线之外的幼童的那种焦虑、犹疑。在爱面前，你唯一害怕的是爱不够有力量。你希望你的爱是他想要的温度、力度、强度。

有时候，多一分是压迫，少一分是缺憾。你不想有错位。你要刚刚好。这是很难的吗？有遇见这个人的神奇，一切都不会难，你以为。

爱，要怎样的表达，才是最好的告慰、最高的满足？

是亲自下厨操持的一餐好饭，还是深夜灯光下一张姣好而鲜艳的脸，还是你的自我证明？

你要怎样的全方位多角度，才可以抵达最深处的他？

在爱面前，你格外害怕自己的单薄、苍白。

你相信，爱是生命的最高峰。你想要爱得好一些、更好一些。

在爱面前，你需要终生的学习。

把他逗笑，让他感受更多生命中的美好，一直是让你感觉最有成就感的事。你需要他赞美你，或者批判你；聆听你，或者让你聆听他。只是不要忽略你、没有你，把你排除在他的世界之外。

爱就是，他让你变得格外的强大，或者格外的虚弱、暴戾、娇气。

爱就是，他给了你一个最高的自我，或者最低的自我。

我们，只能用这种形式相爱吗

⊙ 一切都在飞逝，可你非要拿过去来埋葬现在，拿过去来挤压现在，让现在更加难耐不堪。

男人永远只愿意探索未知，而对已知的一切感觉索然吗？

深夜12点，无聊地打开QQ，她看到，他也在线。她注视着那个亮着的头像，眼睛要滴出血来。可是，就是滴出血来他也不会和她说话的，她相信。

他从不主动与她说话，更不会和她无谓地搭讪。他才不会和她闲扯。所以她也只能假装矜持，像他一样平静。就像现在，看着那个头像发呆，绝望至冰冷。

她总是让自己陷入疯狂。这样的夜里，他的缄默更是让人窒息，窒息到狂野。

其实她并不想要什么结果。不需要一个巨大的结果，只需要一点点温度，一点点回应，一点点心意相通，一点点惺惺相惜。

她对他的指望很卑微。

在他面前，她的所谓爱意本身就是一种羞耻。她总是自取其辱。也许他只是为了一点儿新鲜，一点儿未知。男人女人，为什么他们永远只能互为异数，永远是冤家？

她绝望地感到自己的不可救药。这把年纪了，为什么还一点儿现实感也没有？为什么永远要陷进那些丧失理性、没有现实意义的事中，她真是不要命了。

一切都在飞逝，可你非要拿过去来埋葬现在，拿过去来挤压现在，让现在更加难耐不堪。

她忽然想到，用她另外一个久已废置不用的QQ号和他说话试试。飞快地用另一个号上线，加他，并为自己改了个昵称“蜜罐儿”。上帝保佑，他设置的模式是不需要验证的，于是她轻而易举地成了他的“好友”。

荒诞啊，只能以陌生人的方式靠近他，对他释放热烈。这个世界，假意常常要打扮成真心，可为什么真心也要打扮成假意？

说什么呢，她不想让“蜜罐儿”一上来就废话，她不要去发那些毫无意义的笑脸表情。她要一上来就玩最致命的，一剑封喉，直捣黄龙。于是，她发过去这样一句话：

夜深了你还不想睡，你还在想着她吗？

这是她在每个深夜都不能睡去时常常想起的两句歌词。正好，以这种他永远也不会知晓的方式告诉他。

等了五分钟，没有回应，她又发：可以说话吗？

又等了三分钟，还是静寂。他越不回应，她就越是有耐心，反正她不是她，她只是虚拟的“蜜罐儿”，所以可以觍下脸来放弃所有的自尊，她又说：喂喂喂，老兄。

他，或者QQ上的“青莲居”，终于回复了：你问话，有点儿像什么知道吗？

蜜罐儿：不知道。像什么呢？

青莲居：像做生意的。

蜜罐儿：像做皮肉生意的？

青莲居：是的。

她扑哧一声笑了：是我不懂事。原谅我一回。看在我年老无知的份儿上。

青莲居：有多老？

蜜罐儿：30高龄了。

青莲居：那还不算特别老。有比你还老的。

蜜罐儿：所以你就不理，以显示自己高洁？

青莲居：不是。穷嘛，买不起。

蜜罐儿：你买不起，我还卖不起呢。

青莲居：嗯。所以不能理么。

蜜罐儿：看来是你太敏感。见一个上来就草木皆兵。其实是两句歌词，《心太软》那首歌里的。你不会唱？

青莲居：不会。你是谁？

蜜罐儿：我是经常读你博客的。

……

以一个陌生人的身份，以放肆的姿态和他说着放肆的话，让她感觉妙不可言，一种窒息的深邃的快感。这种感觉就是，你不再是你，而是另外一个随便什么人，是另外一个你平时想要放纵而无法放纵的一个人，不负任何责任。她可以主宰局势，主宰他们谈话的分寸与命运，她像上帝一样全知全能。而他，对这一切无知无觉。这种感觉，有犯罪般的美妙，一种卑鄙的快意。

她把自己弄到无聊，是命运的最大嘲讽。好多次，她都想说出来自己是谁，想象着他知道真相以后会怎么样，会为她这种无聊与卑劣感到不齿，还是觉得好玩而一笑了之。她在说与不说之间犹疑挣扎，挣扎又自责。可是，这种自责还是抗拒不过与他聊天的那种迷人的未知，不能自控，她飞快地打出一句又一句不要命的话。

蜜罐儿：看来你也孤独，肯停下来与我废话。

青莲居：孤独不是什么坏事，尤其当你习惯了的时候。

蜜罐儿：但凡可能，人都愿意挣脱孤独。

蜜罐儿：我是不是耽误你工作了？

青莲居：没有。我老人家正在写东西。

蜜罐儿：又在写博吧？

青莲居：写方案。不过聊聊也无妨。

“聊聊也无妨”这几个字刺进她的眼睛，冰碴一样刺痛。他都可以和网上一个空穴来风的“蜜罐儿”聊聊也无妨，却决不搭理她。尖利的疼痛伴着一丝冷笑，痉挛地掠过她的脸。

他是她的伤口，伤到骨头里。她恨不能把心呕出来，扔进垃圾堆。一个没有心的人，一定可以活得更轻松快乐。

这个好端端的夜晚，又一次被他毁掉。她总是这样毁灭自己，一种自虐的疯狂。

“青莲居”显然对“蜜罐儿”有一些好奇，又有一些防范，可这并没能影响他们聊天的进度。快2点的时候，他下线了，带着对“蜜罐儿”的无厘头骚扰的一点儿悻恼、一点儿忍无可忍，外加一点儿新奇与兴奋。

她想为自己的阴谋得逞而笑，又想为自己的变态而哭。她一遍遍地翻看他们的聊天记录，从那些字里行间揣摸他的心迹，印证着她对他的无数想象。

她不知是该为自己是那个陌生人而换得了他的眷顾而兴奋，还是该为他对真实的自己的漠然而发狂。这两种感觉像两条毒蛇一样纠缠在一起，让她无法呼吸，不能自视。

这个自寻痛楚、自甘疯狂的夜晚，注定无眠。她要睡死过去，带着这羞耻的一切，永不再醒。

以一个陌生人的身份，以放肆的姿态和他说着放肆的话，让她感觉妙不可言。

但我们，只能以此种方式相爱吗？

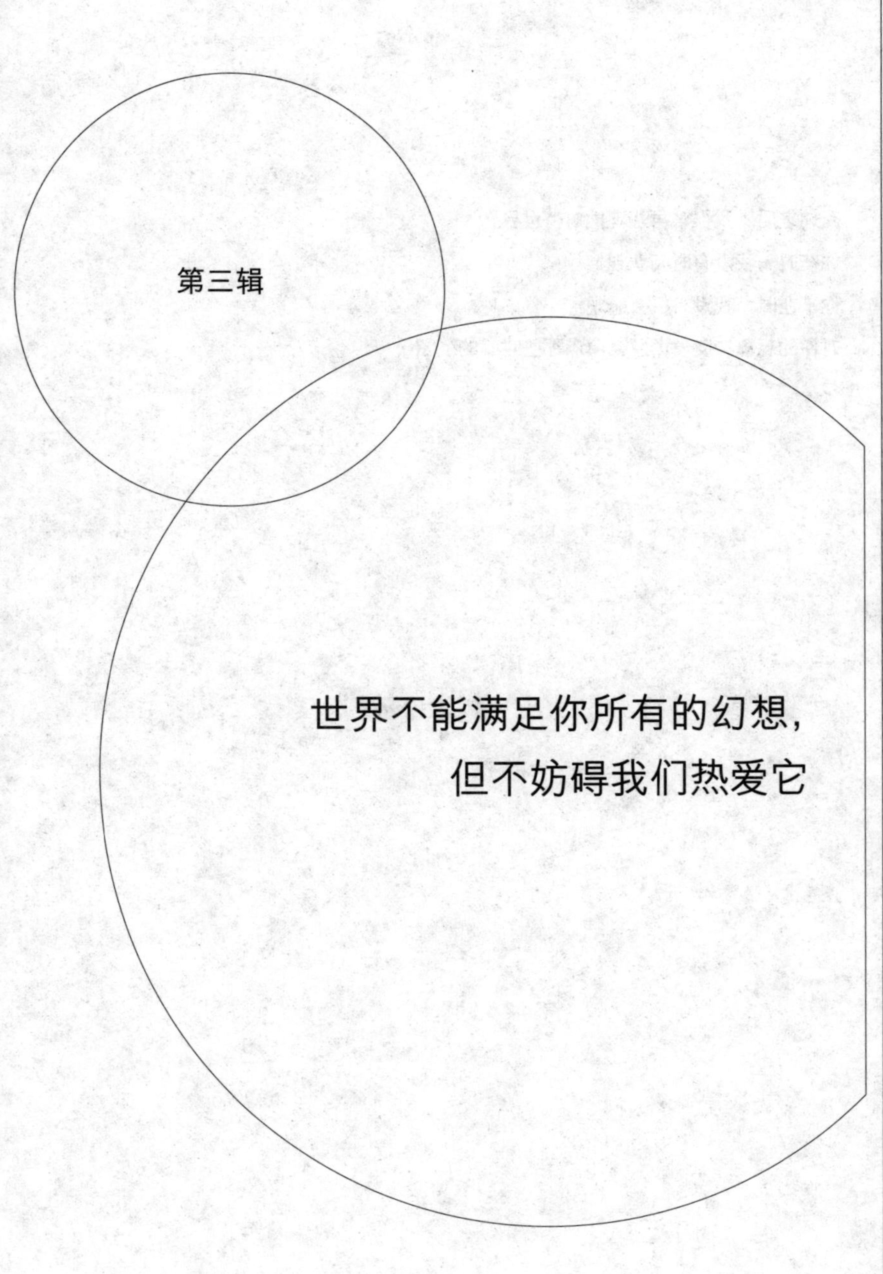

第三辑

世界不能满足你所有的幻想，但不妨碍我们热爱它

有你之后，我很难再悲观地对待世界。

你在时，我没有时间悲观；

你不在时，我没有机会悲观，

对你的想象与反刍，总会填满那些时间的缝隙。

相忘于江湖，有时是一种慈悲

⊙ 在现在的映衬下，过去，早已风干，不需要凭吊。

电话响起，一个陌生的号码，她接了，是一个多年以前的男同学。他说他来郑州出差。他没在电话里说他是谁，他自信不用介绍她也能听出来，虽然他们已多年没有联系。但她“噢”一声之后，电话里便陷入沉默。一阵沉默。她在这种沉默中按兵不动，甚至有点儿幸灾乐祸。她没有表现出热情，完全没有。

不知这是她的真实，还是她的残酷。

这个局面，一定让他很感意外。所以他还在沉默中等待，等待她的热烈响应。比如她该说：你在哪里啊，我去看你，或晚上我请你吃饭，诸如此类。可是很遗憾，她没有说。连作假的热情都没有。

毕业时，他借她的120块钱没有还她，那是他分好几次借的一个总数。快离校时，他主动跟她说过一次，说他定要在各奔东西之前把钱还给她，一定会还的。她当时微笑。

对她来说，有没有被还这一笔钱并不要紧。可是对一个男生来说就大不一样了，这关系到他起码的面子。可是，竟还是没有还。这就让他们之间的一切，显得有一点儿可笑。

也许他早已忘掉了，或者假装忘了。也许她也早该忘了的，可是并没有忘。就像心头一根细小的刺，偶尔想起，还是会被蜇那么一下。虽然17年之前的那个120块钱，现在早已不值一提，可它还是会影响感觉。

毕业三四年后，他有一次来郑州培训，打电话给她。她便去见他。一切都云淡风轻。他在郑州学习的一周时间里，她陪他吃了三四次饭。都是她招待的他。他很享受这种招待。

临走时，她去送他。最后他跟她说："欢迎你去×××（他所在的城市）玩啊，等你去了，我不会让你花一分钱！"他的表情可谓真诚。好像一个响亮的承诺，好像是他对她招待的回报。

可是，这个说法太过无趣了，无趣到打击了她对他还有的一点儿情谊。

现在她老了，老到以她现在的价值取向，宁可发呆也懒得去见人的。懒得和人无谓地闲扯。她相信，和他已无甚可说。时光的销蚀，世事的变迁，内心的变节，让他们都已经不起打量。这注定了他们无法再有真正的交流。也许他们只能提提过去。在现在的映衬下，那其实已经变得索然。过去，早已风干，不需要凭吊。

再见面，作什么呢？不如不见。

不见，其实是对既往记忆的一种尊重。随便让现实打碎记忆，是不好的。再光洁的脸，再热烈的说笑，也难掩阡陌纵横的心。她没有兴趣再去打量他，也无信心被他打量。所以她想，见面还是免了吧。

他终于在电话里先打破了沉默，说想见见她。

她说她有事，去不了。她甚至懒得让自己的借口显得无懈可击。她愿意让他听出来她的虚弱的借口。让他明白，她仅仅就是不想见，不需要见而已。

他摆出很理解、很通融的姿态，笑着说没事，我来郑州的机会多得很。下次来，我再联系你。

他的声音依旧爽朗，透出掌控一切的信心。

他还有信心再给她打电话？她很怀疑。他们早该把对方丢在风里。相忘于江湖，有时是一种慈悲。

本来想抒情，但生活让我去叙事

⊙ 我本来想抒情，可生活让我只能叙事。

过几天，就是他们的结婚一周年纪念日了。

对这个日子的一点期待，好多天以前就开始在她心里冒泡泡了。他或许会送她一束花，或者一个礼物。如果什么也没送，至少会抱住她，对她说些半甜半酸的话吧，她这么想。

一周前她就跟他提过的，貌似轻描淡写，不甚经意地提过，他还茫然地应过，说："哦，一周年了？是——11月17日？"她说："不是，你怎么连这一天都不记得啊，是11月27日！"

他的反应淡淡的，好像对这个日子很陌生。

对女人来说，连这个日子都记不清，实在说不过去。对于他的健忘，她真不忍心让自己失望。

世上的男人都这样。婚后的男人，尤其这样。对待感情，他们永远比女人粗疏一百倍。

一年前的那一天，她还清楚地记得。

那天他们领完证就回单位上班了，中午她收到他的短信：宝贝，祝贺你获得证书。当时看到这条短信的甜蜜，犹在心间。这一年里，有过身心契合的甜蜜，彼此温暖的激荡，也有过大大小小的冲撞磕碰，感觉错位的阻滞隔膜。

相爱总是简单，相处太难。

波伏娃说过，“两个个体之间从来不存在和谐，它得一再地重新争取得来”。有时他们像是一对反义词，很多感觉互相龃龉，背道而驰。她甚至有过一次夜半时分的离家出走——却又无处可去，只能在家门口的网吧里上了两小时的网。

这一天终于来了。早晨过去了。上午过去了。中午过去了。下午过去了。晚上眼看也要过去了，她什么也没有等到。

深夜11点，安顿好了一切，两人熄灯上床。想到这一天就要彻底完蛋了，她自怨自艾的心都有了。她在黑暗中睁着眼睛，沉默。也许是疲惫，也许是懒，也许是压根儿没那个好奇心，总之，他什么也没问。两人在黑暗中沉默地对峙。几分钟过去了，她终于说话了：“今天，是我们的一周年。”

她竭力让自己的声音平静、客观，可还是泄露出了一丝幽怨。

她等待着他的回应。歉意，愧疚，加倍的温存，诸如此类。她想她会对他的歉意表现出宽宏大量，她要温柔贤惠地原谅他，然后两个人再一起对这一周年抒抒情啥的。可是竟然还是什么也没有。

空气难堪地皱巴着，如一块烂抹布，诡谲的气息悄无声息地漫延。有那么一会儿，她简直怀疑身边躺着的是不是他，怀疑自己是不是还长着一对耳朵——就算他忘了，能给她以语言上的温存也是好的，她会原谅他的。她也并没有那个精力与耐心，在这个问题上纠缠不休。可是，她什么也没听到。

“你想干什么呢？”他终于说话了，带着巨大的火气质问她，“为什么不早说呢！昨天说也行啊，今天早上说也行啊！现在都要睡了，这会儿来说什么意思啊你？”

他的声音表明，他完全比她还愤怒、不平，她根本就是没事找事！她有想法却又故意不说，完全是置他于不义，而她刚才处心积虑的缄默更是让他大为光火，何况还耽误了他的瞌睡，都这会儿了她还想闹什么闹！他窝心得不行。

男人与女人的思维，就是这么南辕北辙。男人与女人的差别，一定也大于人和猪的差别吧。她自取其辱，自寻难堪，她想。

“好。是我错了。我不该提，好了吧？”她平静地发狠道。

生活永远不是她想象的，永远比她想象的更狠，她再次印证了这个真理。

他再没说什么。空气凝滞，他还沉浸于他的怒火之中。

“知道一年是什么吗？是纸婚。两个人的关系就像纸一样，一戳即破。”她说，带着一丝自嘲。

他没有吭声。

听着墙上挂钟单调的“滴答”声，她感觉自己已经没有力气难过了。

“睡吧，明天我还要早起去早市给你和孩子买小河虾，给你们补钙呢。”她身后的他，突然咕哝了一句。平静如常的声音，他的鼾声很快在她耳边响起，吞没了她内心的空洞。

他给予爱的方式，与她想要的完全错位，风马牛不相及，可是她又有什么理由，以自己的方式凌驾于他之上呢？她想她应该让自己像他一样平静地睡过去，一如既往地睡过去。她突然想起了一位作家的诗：

我本来想抒情，可生活让我只能叙事。

她想，她还要在接下来的59年里，把这张纸打磨成钻石。

很小很小的小事，会决定一生

⊙ 有些事，很小很小的小事，却能体现一个人的心胸或者本质。

她原以为，自己是“皇帝的女儿不愁嫁”，没想到转眼间就跨入剩女行列。大龄当前，形势逼人，只有接受相亲的命运。

以介绍人的说法，这个男人的条件简直好得要命：年纪正好比她大两岁，硕士毕业，身世清白，情感清白，工作很好，一个儒雅君子……听说是这样的人，她也觉得值得珍惜，所以打起精神，打算全力以赴。

对他的第一眼印象很好。她想不到一个30岁的男人还能生有那么干净的一张脸，有那么清朗的眼神。他们开始了约会。

在一个晚上，他们围着绿城广场散步。也许是因为他们都过于矜持，所以交流并不顺畅，他们殚精竭虑地说着一句又一句很合时宜的废话。这时候，一个卖花的小女孩冷不丁出现在他们面前，把一枝玻璃纸包着的玫瑰举到他面前，那意思很明显，让他买花送给身边的她。小女孩很小，也就六七岁的样子，冻得瑟瑟发抖，小脸蛋都让寒风吹变形了，以至于她不过只对他张了张嘴，并没有说出什么来，就那样满脸期待地举着花，在他的脸前晃荡。

他一下子伸手制止了小女孩，那手势像是尽力往下按，又像是拼命往外甩，凌厉果决，没有余地。只是要以最快的速度把小女孩从视线里撵走，把这样的一个意外的干扰除掉。

他那样的手势，真是毫无美感。

他可能把送人玫瑰这种事看得异常重大，不轻易送，或是不喜欢这样的俗套。可是他为什么不能不失风度地对小女孩说声“谢谢，我不买”呢？或者，更聪明地问她：“要我买一枝玫瑰送你吗？”如此，既给了她尊重，也为自己赢得了主动。

可是，他没有。她相信不是经济原因，而是因为在他们的情感走向明朗之前，他不愿意有丝毫的心理支出，他绝不率先展露自己的内心。

这份关系，果然很快就告终结。

见过的男人一个又一个，她简直要丧失掉全部的信心与耐心。可是，这种相亲还是得硬着头皮继续下去。后来又相了一个。这个人年纪大她很多，看起来却很单纯，很实在的一个人。

也是起始阶段的约会，也是散步去了绿城广场，他们在广场的一个长椅上坐下。一个小孩——这次是个小男孩，举着几枝玫瑰，站在他们面前。

“叔叔，买花！”小男孩说。

多么熟悉的场景，她想。

不知上帝的嘴角是不是对她滑过一丝讥笑。

“多少钱一枝啊？”他笑着问小男孩。

“五块。”小男孩说。

他掏出钱，接过玫瑰，笨拙地对她说：“送给你的，好不好？”

他的表情显然是羞涩的，并不老练。可是，他却是率真的。在他们的感情走向并不明朗的情况下，他也是愿意对她表现主动的，不惮呈现自己的内心。

那一刻，他让她觉得温暖，给了她温馨的感动。

后来，他们真的结了婚。

有些事，很小很小的小事，却能体现一个人的心胸或者本质；有时候，一瞬间的感念与行动，会决定一生。

有你之后，我很难再悲观地对待世界

⊙ 我们要一起度过余下的所有人生，不再彷徨，不再疑虑，把对方镶嵌进彼此的生命。

一年以前，我们还不知晓对方的存在。我看得见脚下的一粒尘埃，却看不到同一个城市另一个角落的你。

一年以前，我不知道，你在下班回家的路上，走至红灯亮起的路口时，眼里会闪现怎样的疲惫与茫然；星期天下午，阳光洒满床幔之际，一场酣睡醒来后的刹那，心底会泛起怎样的虚空……这个世界就是这样，一定有很多很契合、很合拍、严丝合缝、电光火石的男女，却永远不会相遇，或者纵使相逢却不相识。茫茫人海，你每天遇到的99.99％的人都不会与你有任何关联，擦身即过。

世界如此拥挤，又如此空寥。空寥到让那么多人的心，永远没有着落。

一年之后，因为这场相遇，人生轨迹从此改变。你总结我们的相识，是擦肩没过。

能擦肩，又没过，这样的际遇，是不是需要上帝小心的眷顾？

一年之后，我们要一起度过余下的所有人生，不再彷徨，不再疑虑，把对方镶嵌进彼此的生命。也许，还会缔结新的生命，在一个我们衍生的共同体里拥有共同的血缘。这也许是世界上最紧密的联系。

第一次牵手的温暖，第一次亲吻的澎湃，第一次心思暗合的激荡，第一次亲热的笨拙……这一年，如此迅疾，又如此丰足。相对于时间来说，这一切来得那么迅猛，上帝在云端只眨了一眨眼；相对于心的感觉来说，这一切却又自然而然，春风吹绿江南岸。

你从不问我的过去，仿佛永远也不需要知晓；我想知道你的一切过往、所有点滴，面对你夜空般的沉静，却只能伴道天凉好个秋，能饮一杯无。不知这是性格使然，还是男女之大不同。

看你多年以前的照片，那些青涩的面容，我无法停止自己的想象，甚至会恨那些陪伴你走过岁月的人，虽然我并不知道她是谁。

“两个个体之间从来不存在和谐，它得一再地重新争取得来。”波伏娃说。

“两个人的关系，都要经历一个炼狱般的阶段。”小鱼儿说。

感情的路上没有一帆风顺。与你，一样有过冲撞龃龉，有过煎熬动荡，有过水深火热，有过辗碎般的绝望。或许，那只是我一个人的风暴？

一个人，感受黑暗，再等待风暴停歇。因为你从来不会疯狂，不会沸腾，而我正好相反。你永远平心静气，如小桥流水，舒缓安然。也许，你代表了生活的常态。如果是十年之前遇上你，在那种看轻一切，一味想让生命盛满狂风巨浪的年龄，也许我无法感受你的好，无法领略你朴素表象之后的深透，那些甜蜜背后的恬淡，恬淡背后的深邃，深邃里的简单，简单里面的趣味……

看尽繁花之后才会知晓，也无风雨也无晴，已是最好的风景。过寻常人生，需要更高的心智与定力。

有你之后，我很难再悲观地对待世界。你在时，我没有时间悲观；你不在时，我没有机会悲观，对你的想象与反刍，总会填满那些时间的缝隙。

原来，悲观的眼神，大多出于一个人精神与生活的巨大缺口。这或许是，你对我最大的改写。

戛然而止的缘，也是缘

⊙ 这样的相遇，是你生命的奇迹，你不敢说，这不是一种生命的狂喜。

很奇怪，有的人，你们认识多年，却终生都停留在说废话的阶段，相知不深，也没有相知的欲望。而有的人，你们从一开始就能深入，长驱直入彼此的内心，意味深长。

有这样一种淡淡的、戛然而止的缘，也是缘。你知道，这世上有这样的人存在，就很好了。

有的人，你们注定无缘。

就像两条各自前行的直线，在相交的一刹那，已预示着永远的交错。可是，你们真是很投缘。因为投缘，你们根本无须过问彼此的年龄、家庭、学历、工作。你宁愿回避，生怕知道这一切，因为那是多余的。而且，也许还会掩盖心中真正浮出的东西。

你们无需用更多的语言交流，你们更多的是用眼神和感觉心领神会，因而神态安详、目光澄静。所以，你们在一起时的交谈，不是大段大段的、一片一片的、热火朝天的，而是一句一句的，甚至有一句没一句的。你们几乎不需要多说什么，便知道彼此都已懂得。连空白与停顿，都是彼此懂得的。像海水漫过沙滩，像阳光抚摸花朵。你的心在刹那间张开，每一颗心事都在悄无声息中开放。

很奇怪，有的人，你们认识多年，却终生都停留在说废话的阶段，相知不深，也没有相知的欲望。而有的人，你们从一开始就能深入，长驱直入彼此的内心，意味深长。

这样的相遇，是你生命的奇迹。你不敢说，这不是一种生命的狂喜。

你不敢狂喜，那是一种稍纵即逝、无法握住的奢侈。

你宁愿忧郁地注视这一切。看它粲然地滑过你的生命，又无声无息地溜走。

感受一个更为精妙的自己

⊙ 她是你内心无法穷尽的想象，无力面对的真实。

有的人，从不曾见过她，可是她始终住在你的心底。她让你感觉，面见不如心见。

有个女子，与她有过不少文字上的往来——发纸条啦，微博私信啦，评论留言啦，彼此都有欣赏的感觉。我们同处一城，却从未见面，也许我们终生都不得见——太在意一个人，便舍不得轻易与她相见。好像，她是你内心无法穷尽的想象，无力面对的真实。

有次在楼下看见一个修长挺拔的女人走过来，身影如阳光一样雀跃迷离，心里一动，会想，这人莫不会是她吧？不，这个人不可能是她。她是永不现身的诡谲，永不揭晓的妖娆。她在我心底无限辗转，我只需要知道，在这个世界，这个粗糙的城市里，还有她在，便好了。

有次夜半无眠，想起她，便给她发了个纸条：亲爱的，你过得好么？发完又想，这是一个多么阴险的问题啊，漫无边际，怎么着才算一个好？

后来纸条回了，她说：幸福的人，总是身受苦难的人——这话有多混蛋，就能知道我的生活有多幸福。

说得多好。她总是这么惊艳，令人惊魂，却喊不出声的那种。

有天中午接到她的电话，我俩说着散漫的像是突然想起又像是久存于心的话。

她的声音和语调都很好听，像潮湿的山岚，出岫的轻云，轻淡的薄荷糖，打着呼哨的小风，叫人一点一点心神荡漾。偶有停顿，也不心慌，仿佛听听彼此的呼吸也能感受到某种支持。

我们就那么随意地说下去，有很多的嬉笑与间或的惘然，有很多的想象升起又落下。

说至中途她忽然问："跟你说这么多，你会不会厌倦啊？"我说："没有啊，其实每时每刻，我都生活在厌倦之中，你也并没有让我更厌倦啊。"

她笑起来。

似乎，这个答案真实得叫人安心。我们总能从对方那里找到自己，印证自己，感受一个更为精妙的自己。是这样吗？

我说："你说话干吗这么小心啊？"

她说：“是因为在意。”

我说：“干吗这么在意呢？”

她忽然霸道地说：“就是在意……”她嘻嘻笑起来，不管不顾地说下去。她总会被自己的感受和描述逗乐，自己先笑起来，再加倍地传递给电话这边的我。我感觉她的笑声和气息在眼前晃动，如涟漪般一圈一圈加大，落英缤纷的花瓣一样重重叠叠，一点一点将我覆盖。

有时候觉得她像是另一个自己，一个更好、更高、更真、更理想的自己。她是你的痒痒肉，她是你的不老歌，她是你的骤然失语，她是你的温柔牵挂。

她一定是很好的，好得令人揪心，所以你倒宁愿她不要那么好。你把她想象成那样的人：

下雨时会打着一把掉边开线的雨伞；漂亮鞋子里暗藏着一只露着脚趾头的袜子；工作也会有些小闪失；吃饭时嘴角偶尔会留一圈菜渍；她在多人场合说话时也会紧张，偶尔满脸通红却又强自按捺；她得体的外表之下，也会蹦出不够得体、吓自己一跳的小心思；她宜人的笑容背后，也会窜出打杀不尽的不够宜人的念头；她坚强理性的背后，也会偶尔疯狂，偶尔崩溃。

你宁愿她是这样的，有破绽的，带瑕疵的，却是更加生动写实，会让人在心里乐起来的。你不曾见过她，可是你心里的她就是这样的。

你看着她，就像看到另一个更好或者更坏的自己。

她让你不枉此生。

她在你的身心中流浪，手舞足蹈，却寂然无声。

感恩命运给予的一切

⊙ 我站在那里，站在我们各自的命运里。

羊肉抑郁症

黄昏时去菜场买羊肉，这是因为突发奇想用电饼铛给孩子做烤羊肉串。羊肉摊案板后坐着年轻的男子。

“多少钱一斤？”我问。

“30。”他说。表情淡漠，没有笑容。

“买2斤吧。”我说。

他持一把闪亮的尖刀飞快地剁肉，过秤，装在一个塑料袋里递给我，表情如冰。

他抑郁了吗？也许是因为生意清淡，也许是因为连日雾霾，也许是因为刚认识不久的姑娘好几个小时没有回复他的短信，他就抑郁了。我这样想。

他的抑郁，像黄昏一样令人惆怅，让我把已计划好的，就要脱口而出的“买1斤”变成了“买2斤”。

总是在一个人的抑郁里，看到无数人的抑郁。在一个人的贫困里（不一定是物质上的），看到很多人的贫困。在一个人的无望里，看到很多人的无望。多买的1斤，也许是想徒劳无益地为一个人的抑郁买单。其实于事无补。可是除此之外，又能怎样。

母亲的表情

一个星期天的上午，我带孩子去家门口附近的超市买东西。

他走走停停，一会停下来看蚂蚁，一会在路边的台阶上蹦上跳下，一会去追逐风吹起的一朵柳絮，一会捡起地上的一根木棍如获至宝，十多分钟过去了还没走到超市。

我开始烦躁。心里算计着上午要做的事，感觉生命都被这个小人儿荒废了。快到超市门口的时候，看着身后没跟上来的孩子，我忍不住对他大声呵斥，责令他赶快过来，喊出的声音之大之不耐烦，让我自己听着都觉刺耳、害臊。我怎么成了这样？

这时我看到一个孩子和他妈妈朝超市门口走过来：孩子大概5岁的样子，脸上五官分散，那是让人看了一眼就不忍再看第二眼的排列组合，眼神呆滞无光，嘴角流着涎水，走路时胳膊和腿弯曲晃荡，像是在天上飞——显然是一个非常严重的唐氏儿。而他身后的妈妈，表情平静，眼神里也无风雨也无晴。那是超越了悲戚与沉重，蹚过了疼痛与无望的宁静。看得我心搏骤停，又全身悸动。

如果，命运带给我一个这样的孩子，我会怎么样？每天以泪洗面，还是残忍又懦弱地把他抛弃？是全线崩溃，成为世界上最绝望的那个人，还是带着他一起去死？

可是这位妈妈，她的肩膀，是什么做的？脑海中浮现出去中医院时，总要途经停车场边上的一个牌子，上面写着“脑瘫治疗中心”，那里有多少心力交瘁的妈妈和不知道希望在哪里的孩子，我不能想。

还有，带孩子去医院打疫苗时，在走廊上遇到头上扎满银针作针灸治疗、四五岁了还走路趔趄的孩子，一旁的妈妈全力地搀扶着他的手臂……

现在，眼前，这位母亲脸上的平静与接纳，平静得如同没有杂质的天空，让整个世界的喧嚣霎时停顿下来，也在我的心里抽起响亮的一鞭。

我站在那里，站在我们各自的命运里，站在内心深处对这位妈妈深深的、无言的致敬里，转身牢牢抓住我孩子的手，努力对他绽出一个微笑。

那一刻我想，从今以后我会永远感恩命运给予我的一切。

文艺女青年这类妈

⊙ 永远不要再问我在干吗，我永远都是在带孩子！

每到晚上或节假日，总会有朋友在微信上问我在干什么。好像作为一个妈妈，我还有别的可能似的。终于有一次我忍不住了，半心酸半羞愤地回答：“永远不要再问我在干吗，我永远都是在带孩子，带孩子，带！孩！子！”

林语堂总结了四种幸福：睡在自家的床上；吃父母做的饭菜；听爱人说情话；跟孩子做游戏。

这种人生常态的幸福，其实也需要较高的境界才能领会。一个心浮气躁的人，难以感受这样的好。就像宋代禅师总结的第三重境界：见山还是山，见水还是水。

一个母爱充沛的妈妈，心甘情愿做孩子的应声虫与跟屁虫，乐在其中。一个心不在焉的妈妈，总是一不小心眼神就虚化，陷入茫然的黑洞。

可恶的文艺女青年类型的妈妈，往往是后面一种。好在，孩子总会把她拉回现实世界。

步行去一个百米远的地方，常常也要花费一个多小时。这个时间是这样花掉的：路过花坛，看花坛边的蜗牛，十分钟；途经对面一幢楼，看墙角的蜘蛛和蜘蛛网，十分钟；发现一群围着一个苹果核忙碌的蚂蚁，蹲地上看五分钟；遇到一个甲壳虫或任何不知名的小虫子，看五分钟；遇到有台阶的地方，跳上跳下十分钟；看见一片干枯的树叶，惊呼着捡起来，研究它的前世今生，然后说是送给妈妈的礼物，问妈妈漂亮吗喜欢吗，五分钟；遇上一只小狗，马上石化，看它的尾巴如何摇摆，看它皮毛分布的方向，五分钟……

对他来说，一路皆是风景，万物皆为新鲜，值得驻足停留的东西太多了。

“妈妈你快来，这儿有两个蚂蚁！”

早上7点50分，我牵着他正疾步奔向停车位，一路狂奔去幼儿园，他却突然挣脱我的手蹲下来不走了。我心里火烧火燎，因为8点前必须进校。赶不到的话，幼儿园大门就会落锁，我就得自己带他一天。面对洪水一样的工作，这是无法想象的。

“快走快走！”我忍无可忍地对他大叫。

“妈妈你快来！”他带着更加无法忍耐的哭腔喊。此刻出现的这两只蚂蚁，是生命中的重要交集，怎能错过，这一定是他的心理逻辑。

“你不走我走了啊，拜拜！”我已打开车门，威胁他。这是当妈的惯用伎俩。

“不行妈妈，你快来看！”他难堪地大哭起来。

我掐算着还剩的时间，脑子里飞速权衡着是一把把他拽过来强塞进车里，还是应和他看一分钟蚂蚁。哪一个更有可行性？在他越来越急迫的哭声中，我预感到暴力与专政效果不好，只有强忍着跑步折回，蹲在地上和他一起看蚂蚁，像是平生第一次看见一样。并在他提问时，竭力让自己死鱼般无感的眼睛温柔活泛起来。两分钟后，我才顺利地拉他起身，在大门落锁前冲进幼儿园。

几乎每一天都要经历这样的拉锯战心理战，各种较量过招，各种妥协或者坚持。

为什么孩子那么喜欢小动物，一看见就迈不动脚步？可能在孩子眼里，动物像他们一样弱小、被动、不会表达，不会给他们带来压迫感。它们的从容自在，更能给孩子以安慰。

大概，孩子需要大人进入他所看到和领略的世界，需要大人去佐证和强化他感受的东西，这是孩子最需要的分享，以此才能获得存在感……

文艺女青年这种妈，哄个孩子容易吗？

那些青春的疼痛

⊙ 在她面前，我习惯了扮演一个纯洁高尚的革命青年。

有时候，内心的大门，一旦对一个人关上，就再也无法打开。即便是对自己最亲近的人也是如此。

离婚两年多了，还一直没告诉妈妈。

这么长时间把妈妈隔绝于这个巨大的事实之外，让我不知是该为自己感到可怕，还是该为妈妈感到心寒。

于是，生活中就有了很多的做戏。

其实，认真的人都会有接近真实、抵达真实的冲动与焦虑。长期陷于不真实中，会坏了他的身心。

一个崇尚真诚的人，却又习惯遮蔽自己。这样的我是不是有点儿可怕？

并不是不能告诉妈妈。只是她有相当严重的抑郁症。告诉了她，不知又会为她增添多少心事与白发。

再说，告诉了她，她必得恨不得我一个月内就嫁出去。而我怎么可能遇上这样的好事呢。

妈常会在电话里问起我与前夫之间的事：你们过得还好吗，他对你的心还细吗？这些问题总是让我伪装平淡地搪塞过去。

我当然知道，我那些简单无趣、千篇一律的作答，远远不能告慰她对我的巨大关切，可是我还是对她继续那么糊弄下去。

妈偶尔还会问我：你们是不是一直避孕啊？

当然，问这话时她的眼神是闪烁的，是看我一下又马上滑向别处。

我总是含含糊糊“嗯”一声了事，让她知趣地就此打住。

虽然是母女，我们探讨这样的问题也还是不常见的。每到要与她面对这些，都会让我感觉不舒服。我不会与她说那些私房话。在她面前，我习惯了扮演一个纯洁高尚的革命青年。

妈一定是很想和我说那些身心的私密，我是这个世界上最让她信赖与依赖的人。

其实，我倒是很羡慕那种能与父母什么都说的母（父）女关系的。只是，对我来说，这样做太艰难了。

12岁那年，妈拼命抢夺我藏起来的日记本看。我奋勇抗争，还是在抢夺中被强大的她推搡在地，日记被她不屑地看完，然后更不屑地摔掷在地（她以为会发现惊天秘密的，结果却没有）。我倒在地上哭哑了嗓子，心里暗暗发誓当晚要去跳井，一定要去！

睁眼到半夜，黑暗中听见窗外风呼呼地叫，想到自己根本没有胆量走到位于另外一条巷子里的那口井，又怕开门时的“吱呀”声被父母发现把我揪回来，终究还是没能从床上爬起来去跳井，最后带着绝望的悲愤睡过去。

而后的整整一个星期，我都没和妈妈说话。而且，一想到不得不与她面对，接受她目光的检阅与继往开来的关切，就羞辱得不行。

那个漂亮的日记本，我把写有字的纸撕下来毁掉之后，扔掉了。因为不想提醒自己的羞辱。

也许就是从那时开始厌恶家的。厌恶让父母面对自己的内心。

妈妈当然是很爱我们的，只是方式常常很粗暴，我小时候经常挨打。她的性情强悍，给予了我们太多的伤害，也因此难以赢得我们的心。

13岁那年，我上初三，来了女孩子的第一次。那时我的衣服还是妈妈洗，所以被她发现了。她问我是不是来了，我点头承认。与她面对这个问题，心里别扭得像爬满虱子。晚上我正在做作业时，又被她叫到她卧室，告诉我一般都是多长时间，这期间的注意事项，等等。

我感到万分难堪。我根本无法与她面对这些，宁愿自己懵懂无知，宁愿自己去瞎摸索。

之前我同桌的女生与我谈过这些。她比我大半岁，例假也比我先来了几个月。一天放学后，她与我坐在双杠上说话时，说得又吞吐又委婉，老是问我："来过没有？"

我说："什么来过没有？"

她说："就是'那个'。"

我说："哪个？"

她说："就是'那个'……"

我使劲追问，她使劲不说清楚。最后她问："你见过女同学在厕所里……换'那个'纸吗？"我说见过。她说："我现在……也是了，你有过吗？"我说没有。然后她停在双杠旁的自行车突然倒了，她下来俯身去扶起她的车子，突然哭了。不知是为她倒了的车子，还是为她要面对身体里的"那个"的孤单无助。

她的眼泪让我也很恐慌。为她的事恐慌，也为即将面临的棘手与麻烦恐慌。我永远地记住了那个下午。

当我自己终于也来了的时候，我飞快告诉了她，没有障碍地与她探讨这个问题，却不愿被妈妈知道，无法想象与妈妈去探讨。

之后又经历了很多重大隔阂，很多的青春疼痛，让我把妈妈永远地放在了我真实的内心世界之外。她越是问我就越不说，不说、不说就不说。只说那些无关痛痒的，无足轻重的；只说那些能让她为我高兴的，安慰的，熨帖的。虽然，失败的我能给予她的这些也很少。

结果，这些年来，在父母眼里，我成了兄妹三人中最让他们觉得省心、懂事的一个。天知道，我是不是比我的兄妹更善于伪装。

包括离婚之初的那些眼泪，都没有与妈妈说起，也不知何时会与妈妈说。

那些对我而言的私房话，越来越无法与妈妈说起。只习惯了与关系好的同学说，与密友说。甚至，也曾与永远也不会见面的网友说。

这个夜晚，我写下这些，突然感到悲凉。不知是为妈妈，还是为自己。

现在，妈妈老了，越来越弱势了，也许我需要与她靠得更近一些。

妈老了，成了我的女儿

⊙ 妈老了，成了我的女儿。我必须保护她，爱护她，像我小时候她给予我的耐心一样，给她无限的耐心。

妈生下来第十天时，就死了娘，她是吃面糊长大的。可能是这个原因，智力没有得到很好的发展，妈不是很聪明。

后来她有了后妈，受尽虐待。从未尝过母爱的妈常对人说，要把自己没得到的母爱加倍地给予孩子。

我小时候，妈总对我说，女儿是妈的贴身小棉袄，最贴心了。那时候，妈走到哪里都带着我，上班也得带着。工作间隙，她就用树枝在地上一笔一画地写字教我认。我五六岁时就会数数，可以不磕巴地从1数到100；还没入学，已可以认很多汉字，这在乡下的孩子里是很少见的。

妈牵着我的小手出门时，我只要一见到墙上的标语、店铺名，都会大声地念出来，常常引得别人侧目，赢来一阵狠夸，妈就会一脸骄傲。

那时候妈妈不过30多岁，年轻美丽，乐观积极，充满活力。爸的工作忙，家务活就全落在她一个人身上，还要操持三个孩子，她的人生像大山一样重。可是妈妈依然爱说爱笑，她常会在干家务活时唱起歌来，她爱唱“天上布满星，月牙亮晶晶”，也爱唱“在那桃花盛开的地方”。但她唱的歌总是跑调跑到天上去。爸一听到她曲里拐弯乱跑调的歌，就会逗她，喊着我的小名说：“快把人家院子里的驴拴起来，别让你妈把驴吓跑了。”妈就会大声笑起来，然后满不在乎地唱得更加高亢。

印象中，除了上班，妈总是整天站在厨房，从早到晚。我每次回老家，她更是如此，似乎想用她几天里增加的营养，把我在外生活一年的亏空补回来。

她做事极慢，却极度认真讲究。为了我们的身体，她认真地对待每一顿饭，所以她的人生，为操持一日三餐耗费掉大半。

她给自己的定位是，家里的炊事员和老保姆。也许在很多的中国家庭里，母亲的地位都是这样。母亲，一定是世界上最有牺牲精神与奉献精神的一个角色。

14岁时，我离家去千里之外的地方上学，妈担心我不会照顾自己，几乎每周都要给我写一封长达三四页的信，里面有她对我叮嘱的无数生活细节：饭要怎么吃，内衣要怎么洗，不要省钱……

她性子急，每次写完后都恨不得我马上收到，所以每封信都寄快件。因为家务繁重，时间紧迫，而她觉得需对我交代的事情多而又多，所以信往往写得很仓促，常常别字满篇。

有一次她在信中嘱我说：学校食堂伙食不好，现在是身体发育的时候，你一定要每周去饭店吃两吨鱼肉，改善生活……“两顿”写成了“两吨”，让我哭笑不得，又忍不住泪湿。

那个雷人而又可爱的“两吨鱼肉”，永远刻在了记忆里。

转眼间，妈就到了60多岁。原来勤劳能干的妈妈，应对世界的能力越来越差。

她眼睛不好，多年来不看书不看报，天天沉迷于家务中，早蜕化成了半个文盲，面对这个日益变迁的世界也越来越惶然无助了。

不知从哪一天起，原来乐观、爱说爱笑的她变得悲观、抑郁、健忘，每天都有无穷无尽的烦恼，无数遍向我们述说几十年前的事，每次都好像第一次跟我们讲起一样；而眼下的事跟她交代一遍又一遍，她却转眼即忘。交代她出门办一个事情，怕她不记得程序，给她在一张纸上把注意事项写得清清楚楚，结果回来还是弄错了，引来很大麻烦。质问她怎么回事，她嗫嚅着说：“我，我忘了看那张纸了。”

一再发生这样的事情，我便十分看不上眼，常常训斥她，像训斥一个小孩。每当这时，在“铁”的事实面前，妈就像犯了错误的孩子，默不作声，神情恍惚。

后来发现，妈原来是患了轻微的老年痴呆症，还有焦虑症、抑郁症。我这才知道，无知的我，竟还一直要求妈妈像她30年前那样，像现在的我一样，有足够的能力和智慧应对世界。

再后来，一场疾病把父亲带走，妈一下瘦了十多斤，一夜之间老去大半。之后更是见人未语泪先流。曾经强大、有力量的妈妈，彻底消失了，她变得那么虚弱不堪。

有一天带妈妈上街，横穿马路的时候，面对湍急的车流，她茫然顾盼，一下子紧紧攥住我的手心。那一刻，我倏然感觉：妈老了，成了我的女儿。我必须保护她，爱护她，像我小时候她给予我的耐心一样，给她无限的耐心，让她在这个日益陌生的世界，找到一个安全的角落。

现在，妈一日老胜一日，而我希望自己能够更强大一些，只为了能为她遮蔽更多的风雨。

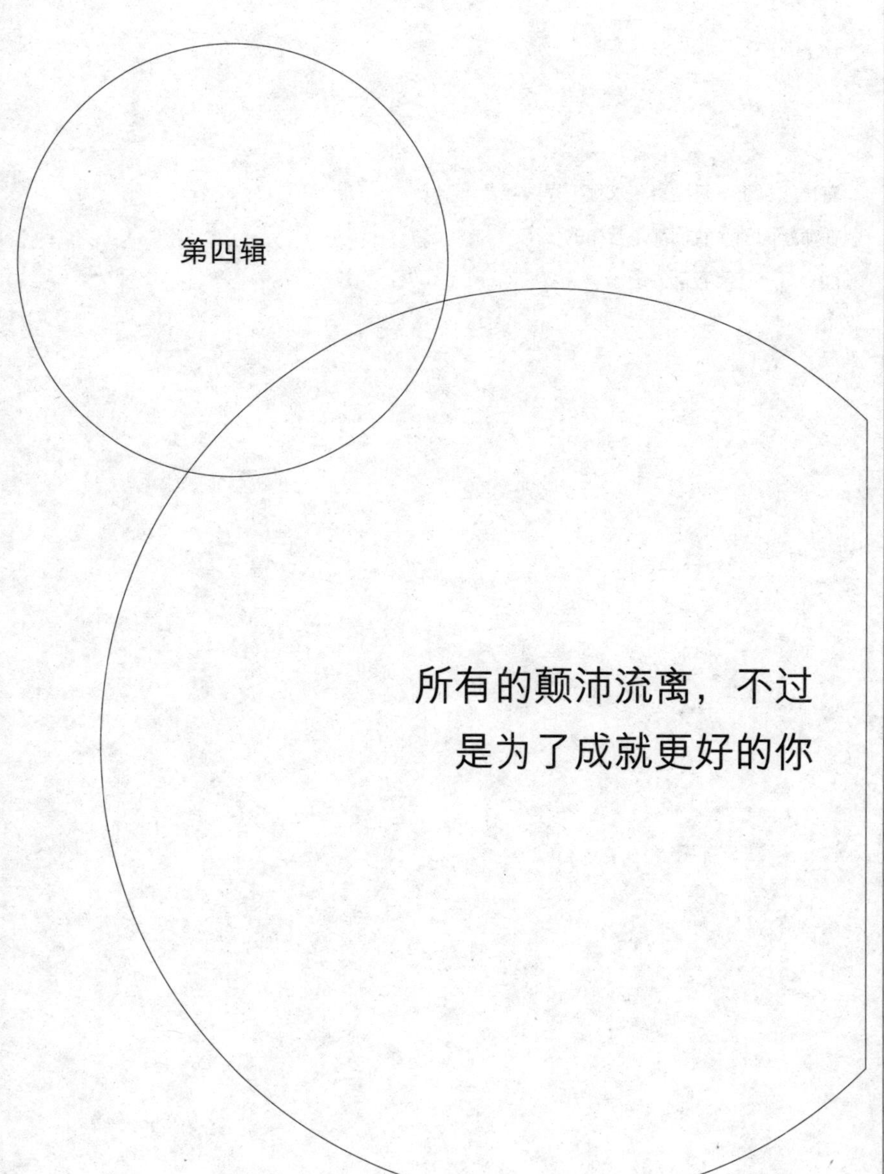

第四辑

所有的颠沛流离，不过是为了成就更好的你

有谁能真正永远高贵，永远不卑贱呢？

在命运面前，我们都是苦命的孩子，

而上帝，连笑容都倦了。

所有的女人都该是美女

⊙ 再不要假装非美女了，要相信，自己其实也是很美的。

看不尽的眉高眼低，看不尽的戴有色眼镜的男人的嘴脸，让她习惯了放低自己，低到了尘埃里。她早已习惯了，在人群里做一个不被重视、没有分量的人。

后来她才知道，美女不是一个标签，而是一种姿态，一种气度，一种精神。每个女人都是独一无二的，每个女人都有自己的闪光之处。所以，确实，所有的女人都是美女。

现在，所有的女人都被称作美女。是不是真的美女，叫者与被叫者都不会当真。像美女一样不问青红皂白、信口诌来的说法多了去了：经典、大师、著名、专家、朋友……都在人们嘴里吐瓜子皮一样轻松地脱口而出。滥用，使这些词语气数已尽，变得不再值得信赖。

有一次带68岁的老妈一起逛街，在一家店铺，她拿起一件衣服在自己身上比画，卖衣服的小姑娘又拿起一件说："美女，这一件应该更适合你。"老妈懵懂地看着她说："同志，你说什么？"一旁比我妈年轻十岁的舅妈笑开了，说："人家叫你美女呢。现在都兴叫美女，谁还叫同志啊？"妈的脸腾地一下红了，像个当场被揪住的犯了错误的小学生。

是个女人都被唤作美女的时代，非美女可怎么办呢？如果她不是事实上的美女，在心里，她会自觉地把自己与美女划清了界限。所以，每每在社交场合被唤作美女，她都倍感窘迫，无所适从，仿佛凭空占了人一个大便宜，浑身不自在。她还年轻，还没有修炼到对社交场上的大话、套话、场面话消化自如，过耳即忘。非美女，总是有着更强的分寸感，因为卑怯而生的更多的自知。

不是美女，要说这是上帝的问题，可是却要由她来买单，这实在是让人难过的事。其实她不丑。她不像美女一样带给你第一眼的惊艳，可是她目光清澈、内心坚定、做事认真、说话靠谱，有远比美女更可贵的品质、更踏实的性情，所以可以称之为"第二眼美女"。她的兴致不在捯饬脸蛋上，所以有大把的时间用来修心。与她交往，她的善解人意、细致妥帖，总会让你如沐春风。她是平实的、温和的、家常的，如白米粥一样平淡无奇，却润心润肺。

可惜，只能说可惜，现在的社会浮躁，男人们更浮躁，他们没有耐心认真看第二眼，只看了第一眼就在心里匆匆宣判非美女的“死刑”。所以她在相亲路上崎岖难行，倍尝磨难。那些有钱的，必定要以他们的财富换取相应的美貌；没钱的呢，更需要以脸蛋装点自己一戳即溃的虚荣心。

读书的时候，以为把书读好就什么都有了，所以她认真读书。考上了好的大学、有了得心应手的工作，原以为从此可以活得理直气壮、天下太平了，没想到世界远没有那样简单。就像贾平凹说的，美貌是女人走遍天下的文凭。林林总总的受挫让她的心越来越灰。看不尽的眉眼高低，看不尽的戴有色眼镜的男人的嘴脸，让她习惯了放低自己，低到了尘埃里。她无限隐忍的姿态令人心疼。她早已习惯了，在人群里做一个不被重视、没有分量的人。

直到有一天，一次集体旅行中，在从景点回宾馆的大巴上，大家七嘴八舌地聊了起来，她却没有心情参与。因为刚刚在景点问路时，她称呼一位30岁左右的女人为“大姐”，对方就气得差点跳起来，说自己哪有那么老，谁是大姐还不一定呢！

本是尊称，却遭来好一顿奚落，她委屈得差点和对方吵起来，所以这会儿心情分外黯然，坐在角落里一声不吭。

这时一位男士突然朝着她说：怎么啦你？你知道吗，你什么都好，就是总是假装非美女的样子，这一点不好。

大家都笑起来。这说法新鲜。笑过之后大家纷纷附和：就是就是，这姑娘多好啊，温柔、贤惠、懂事、知足，谁找着这样的最有福了！然后大家笑呵呵地批判她：不要老是那么诚惶诚恐的，受气小媳妇一般，再不要假装非美女了，相信自己其实也很美的。

她也笑起来。心里的不快与阴霾一扫而光。

原来，美女不是一个标签，更是一种姿态，一种气度，一种精神。这么说，所有的女人都该是美女。

大女人不拧巴

⊙ 她独当一面、我主沉浮的样子让人相信，那才是女人身上最致命的风情。

大女人，大的是心胸，是气象。

柯勒瑞治说过："真正伟大的脑袋，是雌雄同体的。"大女人，正是拥有这样的脑袋。人群中，她的可识别率很高，是个笑声朗朗、自然本色、绝不扭捏的女人。她的美，美在爽快旷达，像一株野生植物，径自怒放，生机盎然，如兰生幽谷，不因无人而不芳。

大女人不拧巴、不纠结、不乖张，没有戾气，不会假装矜持。她不会对着三月的飘雪酸溜溜地抒情，亦不会对马路上的狗屎以兰花指掩鼻。于她，一切都自然寻常，仿佛她的内心永是无人之境。她不会矫情地附庸风雅。她无谓的姿态，才是真正的风雅。她超越地面对世事的样子，最是性感。

大女人不喜流苏、蕾丝披挂上阵，不会踏上细高跟鞋风摆杨柳，不会浓妆艳抹嗲声嗲气。那种表面皮相的妖媚，永远与她无关。她的妖媚是精神上的，深邃无边，只有能够穿越皮相、抵达内在的男人，才可能欣赏她的风情。

大女人习惯为自己所有的消费埋单，自己挣钱自己花。刷自己的卡的感觉，多么理直气壮、心安理得。如此，她才能是自己身心永远的主人。她更会为自己所有的情绪埋单。

既然一切都是自己的选择，大可自己为自己负责。爱就爱了，不爱就撒手，不让一切坏情绪污染自己，所以她生活得豁达敞亮。这是大女人内心隐藏的骄傲。

跟她说话，不用小心翼翼，不用担心她动不动就受伤害。一切伤害，都是自伤。除非她愿意，没有人能伤得了她。所以你尽可以开门见山，有啥说啥。说到痛快处，她即使爆个粗口，也会让你觉得痛快淋漓。

对于来自外界的任何侵害与不适，她总能把它们转化为人生养料，或者当垃圾丢弃。就像她不施脂粉的脸，永无化妆品的残毒一样，她的精神，亦是无毒一身轻。

爱情，已不再是她的困扰。因为她看到了比爱情更久远、更有力量的东西。

爱情就像金钱，只有拥有了它，才可能真正超越它。有钱的人，才可以视金钱如粪土；见惯爱情风景的人，才能真正蹚过爱情那条河。

曾经，大女人在青春年少之时，也有过为深爱的男人痛不欲生。终于，那一切都成为过去，她的内心平静而强大，精神丰盛而宽广。她希望的自己，是不曾恨过任何人。

这样的大女人，女人把她当男人一样依恋爱戴；男人把她当知己一样推心置腹。没有浑浊和暧昧的关系，犹如澄澈山泉，清亮透彻。

只有健康的关系，才能带来健康的人生，所以大女人活得像向日葵一样金黄明亮。她的世界无边无际，风月无限。

这样一个永远精神自足的女人，你看不到她有任何性别劣势。她独当一面、我主沉浮的样子让人相信，那才是女人身上最致命的风情。

毫无疑问，会有越来越多的大女人出现。因为只有当女人独立解放了，男人才可能获得真正意义的解放。

让我们明目张胆地幸福

⊙ 一个容易满足、容易欢喜的女人，是值得敬重的。

她是那种生得美丽却不自知的女人。所以她美得柔软温和、波浪不兴，不咄咄逼人。这或许是因为她是小户人家的孩子。

很多女人并不美丽，却不自知。有三分姿色，却自以为有九分、十分，其实折损了那已有的三分。

女人永远没有她们想象的自己漂亮，就像男人大都会高估自己的能力一样。

潜意识里，我更喜欢小户人家的孩子。他们谨重自持，有敬畏，用心生活。一碗热粥里，都饱含有对生活的爱戴与珍重。

对物质，对生活，他们会有周密的算计与思量。那些精打细算里头，蕴含着小小的智慧与趣味。那些小小的，却绵密深重的心思，让人敬重。

也许生活的趣味，正在于此。

他们从不铺张。情感与需索，都不会铺张。从不指望很多，所以更容易有满足的欢喜。

一个容易满足、容易欢喜的人，是值得敬重的。

忽然想到，鲁迅之所以能成为鲁迅，一定与他十三四岁时家道中落，从一个殷实的大家族坠入困顿不无干系。小户人家的辛酸成就了他，他需要更多更重地承担人生。在这样的境遇中，他的精神迅速成长。

很多大户人家出身的人富足、荣光、漂亮，看起来令人艳羡。只是对他们来说，仿佛一切恩宠都是天经地义的，他们理所当然地照单全收，不问出处。他们自觉不自觉地，自知或不自知地霸气、骄矜，习惯并且永远相信自己被簇拥的命运。以自我为中心，与别人、与自己都是一种压迫。

喜欢小户人家出来的孩子，就像喜欢中等姿色的美女。中等偏上，或者中等偏下，都挺好。那样更会让她们的心地格外惹眼、招人。

此刻，她和她的爱人坐在我对面的沙发上。她爱人的手总是不由自主地就伸向她，摩挲她的后背。他总是不由自主地就往她身上靠，哪怕是在我面前。相爱的人，身体总是情不自禁就贴在一起，恨不能时刻触摸对方的肌肤体温。他们结婚都有两三年了吧，还爱得这样明目张胆，让我直流口水。

看谁爱谁更多一点儿，大概要看谁被照顾得更多了。在餐桌上，每上一道菜，他都会第一筷子夹给她，哪怕那道菜离她更近。她有点儿不好意思，一直在说“我自己来”。所以我想，当然是他爱她更多了。对于一个女人来说，这当然是很幸福的事了。被爱、被照顾、被看重，这样显而易见的幸福，实在让人嫉妒。

但是，她脸上并无明显的幸福表情。或许，幸福往往并不写在脸上，只是点点滴滴化在心里。

或许，很多的幸福感都是不确定的。所以她不会表现得那么确定。

也许，幸福只是当事人自己内心的感受，并不是局外人妄自揣测的。

也许，幸福的面孔永远诡谲。明目张胆地幸福，总是不太好的。所以她一直都习惯于小心翼翼地幸福。她永远都很小心，与一切保持距离，包括最亲密的人，包括——幸福。她与幸福保持冷眼旁观的距离，幸福才不会对她造成侵扰。

当她可以如此清醒，幸福不幸福又有什么要紧呢？即便要紧，她也能超越那些所谓的幸福与不幸福了。

她是我亲爱的女同学。

永远把自己当女神

⊙ 我们需要一种对自己高度负责任的、美得不打任何折扣的精神。

她喜欢逛商场，喜欢无止境地买衣服和鞋子——每到换季，她都会买四五套新装，所以每年都会添置20件以上的新衣，5双以上的鞋子。流行什么她穿什么，少女一样热情而不知疲倦地跟风。她喜欢烫发、染发、做头发，喜欢珠宝首饰，喜欢购物，在消费中才能找到快感与存在感。

她喜欢的这些我都不喜欢。我们真不是一路人，但是我们是母女。每一个妈妈，都注定会生一个成为自己反骨的孩子吗？

一有人问起她的年龄，她都会先让对方猜，现在她常被人猜作50岁，这个数字比她的实际年龄小了20岁。每到这时，她都会兴奋、窃喜。似乎，她一生的追逐和努力，都不过是为这一句话。

她年轻时是个美人儿。又有一个很好的、对她宽容而让步的男人，生活幸福。所以或许，她自觉不自觉地一直在走女神路线，而且是誓把完美与幸福进行到底的女神路线。

作为女人，她的追求没什么错。何况她成长于一个物资匮乏、欲望得不到伸张的年代，是被亏欠的一代人。所以到了现在这个物质极大丰富，可以理直气壮张扬自我的时代，她要为自己的人生补补课，潜意识里想把以前的缺失捞回来。

作为生活于女汉子盛行的时代的我，对她感兴趣的那些女性化的莺莺燕燕敬而远之。习惯了走中性路线，倒是对大女人、反女人式的女人，更有拥戴之心。自然，我们的人生观、价值观有诸多龃龉。

她每年春秋都会来我这里住上两三个月，一来购物，二来看病。

每次来她都会带上沉甸甸的两箱子衣服，行李多到我不接站，她就很难出站。一个季节下来，她穿得都不带重样的。虽然她的男神——我的父亲，几年前已离世，而她在这个城市认识的人，也就我这一家，可她还是根深蒂固地习惯于永远穿得很正式，仿佛要随时出席外事活动，有万人瞩目的魅力。

那是一种对自己高度负责任的、美得不打任何折扣的精神。

枣红、朱红、水红、粉红、玫红、红底带花……各种红是她的最爱。每次陪她去商场买衣服，服务员为她推荐适合她年龄的蓝灰黑时，总会被她不由分说地打断："我要亮丽的！你给我找颜色亮丽的来。"

后来我找到了诀窍，那就是不看老年装，只奔淑女装，有几次甚至是在少女装的楼层买到了她称心的衣服。

"你买的衣服，我都穿不出去呢。"我对她说。她很不以为然地回击我："只要自己喜欢穿的，一律可以穿，没有年龄限制！"

美人老了，也还是美人，也还是会有深刻的、天生难自弃的、到死方休的美人的自我意识。与她相比，我觉得她才是时代先锋。

退了休，不用带孩子，老伴也走了，她一个人的生活很规律。几点散步锻炼、几点跳广场舞、几点泡脚、几点吃水果、几点喝酸奶、几点喝蜂蜜水、几点喝枸杞水、几点喝茶水，都大有讲究。

她把自己的生活整得像部队一样严明无误。逛街购物是她仅剩的欢乐，这或许是她实现与世界的对接方式。

去年年底，我又陪她去商场买羽绒服——其实她已经有不下十件棉袄了，但她还是要买新的。那天她对米兰登的一款式样很满意，只是在玫红与墨绿两种颜色之间举棋不定。服务员建议她买墨绿的，我也觉得绿的更适合她。可她想了又想，最后还是宣布要买玫红的。因为她说："墨绿的，我到90岁还能穿呢！我现在才70，还是要玫红的吧！”

我和服务员都被雷倒了。在她眼里，70岁的自己还年轻得很哪，一切正当年呢！那一霎间我忽然很羡慕她的生命态度：永远把自己当女神，永远觉得自己的人生还未展开，永远要呈现最佳状态、最年轻的自己。

英雄不问出处，美女不论岁数。我真的要向她学习。

有趣是一种能力，有时是勇气

⊙ 难道他只能在文字中抚慰和升腾起我们的想象，却在现实中摧毁人的想象？

他的小说，文字考究，构思精巧，意蕴深远，获过大大小小的奖项。这或许可以让他有足够的理由矜持、自负。

他看起来也正是这样的。

可是，当真实的他出现在我办公室里，却见他把自己歪歪扭扭地塞在椅子里，像是放倒在他自家卧室的姿态，两条腿跷得东倒西歪，坐相松松垮垮。身子倚在桌子前，手肘支在桌子上，手掌把腮支起来，颊上的肉在他手掌里颤颤巍巍地叠起一堆褶皱。偶尔一笑，露出满嘴的牙床，并不可爱。他的年纪并不大，看起来却疲沓、松懈，说起话来漫无边际，有点儿让人摸不着重心。

随意是好的，放松是好的，不拘也是好的。但对于一个有审美眼光的人来说，似乎这些应该是在能给人保持审美的前提下才应该有的。应该给对方应有的审美关怀，否则，那样的随意不拘可能就成了压迫，绞缠住对方的内心，让他呼吸不畅。

或者，难道他只能在文字中抚慰和升腾起我们的想象，却在现实中摧毁人的想象？

和他说起一件又一件事，大都很快陷入死角。空气中结满了小疙瘩，阻滞彼此。我们东拉西扯了半天，大都没头没尾，原地踏步，一无所获。无非是说一些公共话题，重复一些人尽皆知的看法，我们都没能让自己生动起来，却让彼此的枯涩感加深再加深。

我没有敞开自己，放他进来。他也没有让我升起更多的兴趣，想对他知道得更多。所以我们的交谈都是浅尝辄止，丝毫没有增进对彼此的认识。

我们浪费了彼此。

或许是我们都没能找到开启对方的按钮，所以，他把自己锁得紧紧的，我把自己藏得深深的。我们都滑行于彼此的外围，隔靴搔痒。

无趣是人生的常态，也是不够熟稔的人之间的常态。永远不会让自己、让对方陷入无趣的人，当然极其难得。

有趣是一种能力，有时是勇气——敢于表现出自身的趣味，时时散发趣味，总能打破冷场，有时是需要勇气的。大多数人都难逃无趣的窠臼，深陷其中，无力自拔，于是早已习惯于无趣无味、无波无澜的常态。那些时候，我们的内心在打呵欠，命运则在空眨着诡谲的眼睛。他一定在嘲弄我们的笨拙乏味。

很多时候，与很多的人相见，都是这样的。不知道是哪里出了故障。

我们的外表，隔膜生分，淡漠呆板。

我们的内心，浩浩荡荡，沸腾翻滚，却无人能进，无人能知。

送走了他，关上屋门，我想，是他的文字骗了我，还是我陷进那样的文字，被我的感觉欺骗了？

最危险的往往最迷人

⊙ 两个彼此懂得的人，他们的沉默比承诺更高？

她以为，他们之间是不需要任何承诺的。两个彼此懂得的人，他们的沉默比承诺更高。

后来她才知道，这一切都只不过是，她以为。

和他的交往，一开始只是工作上的往来，很偶然、很纯粹的业务联系。

一个常常是很小的、漫不经心的偶然，最终却会滑向最大的必然，这是这个世界的奇妙之处。

他生动有趣，个性得令人窒息。他像霉变多年的老屋吹进一股新风，完全改变了她生活的气息。

他的有趣是有趣到危险的那种，有点儿“坏”。她感到了那种危险，可是，最危险的往往也是最迷人的，她从一开始就感到了那种微妙。他从第一眼开始就穿越了她的一切——在他面前，无论她坐得多么端庄，笑容多么得体，说话多么中规中矩，他都能洞穿她的得体背后的真实，让她所有职业化的装模作样都轰然倒塌。

有个夜晚，没有来由的，她忽然想给他发一条问候的短信。

平生第一次，给一个并不熟稔的异性，发一条完全没有借口的短信。这需要勇气。

而她，一向是怯懦的。一切都是在一念之间。

手指微颤，拇指在手机上飞快地按来按去，飞快地发出去——下一分钟，她就会丧失这样的勇气，她要在改变主意之前奋不顾身。

过了一会，他回了，不过是平平常常的几个字。可是，那几个字掉进她的眼睛里，她淹没在那几个字里。

后来他们的来往更多了。工作上的往来。她有了更多给对方发短信的“借口”。可是，只能发最平淡的话，用最公事公办的口气。她说的完全不是她想要说的，她想要说的都无法说出来。因为，她已有了就要结婚的男友。男友老实、本分、毫无情趣，但是待她很好。周围的人都知道他们是一定会结婚的。

可是现在她知道了，她一直在过着根本不是自己想要的生活。

与他们的工作之交比起来，她更喜欢他们的“短信之交”——更亲切，更个人化，更值得回味。间或，她也会在短信里和他开着真真假假的玩笑，流露着虚虚实实的心事。

当然，更多的短信，只发在她的内心，他不会收到。

一个深夜，她睡不着觉，给他发了一条短信，只有四个字：此时此刻。

他很快回了过来：此时此刻，我也一样。

她怔住，看着那几个滚烫的字发呆。不知道该怎么继续，心事在一寸寸生长。

天，他什么都明白！他们是知己，无论她怎么迂回曲折，云遮雾罩。

知己，这该是世间最让人迷恋的感觉了——从古至今，从中到外，高山流水，心有灵犀，彼此无猜……那是生命里怎样的惊喜？

她终于和男友分手了，可是，她无法告诉他，这一切是因为他。

他们的短信渐渐地从具象到抽象，从身外到内心。她可以把自己莫名其妙的情绪没头没脑地发给他，他总是能明白。他们见面不多，可是只要有短信，她觉得就已足够。一个雨夜，她收到他的短信：

“有一把伞，撑了许久，雨停了也不肯收；有一束花，嗅了许久，枯萎了也不肯丢；有一种情，希望能永久，即使青丝变白头，也能在心底深深保留。”

她知道这不是他的原创，可是她相信，这样的话绝不是无缘无故的。

所有的心事都在刹那间燃烧。

短信该是这个时代最可爱的东西，说出来的话会随风飘散、无迹可求，短信却可以以文字的形式在眼睛里生根发芽。文字是比说话更负责任、更牢靠的东西了。

她喜欢，并且信赖这样的短信生活。有他短信的时候，生活是充实的、可爱的、心潮澎湃的、无边无际的。

可是忽然一连很多天，她都没有收到他的短信。日子枯涩、干旱、难耐、无法呼吸，难以为继。

偶尔，手机会在寂寂的夜晚“嘀”的一声响起，她的心怦怦直跳，上苍保佑——是他？可是，都不是他，大都是同事朋友们发来的段子。无聊的时候，她也会把收到的那些段子胡乱转发一气，和朋友们“交流”。可是，她从未转发给他。

他们之间没有任何承诺。她以为，他们之间是不需要任何承诺的。两个彼此懂得的人，他们的沉默比承诺更高。

每一个空白的夜晚，她都无望地等待。她给他发的短信，他都没有回。

终于等不下去了。她去他单位的楼下等他。

他和一个女孩从写字楼里走出来，手指亲昵地缠绕在一起。

来，介绍一下，这是我的新女友，很漂亮吧？看见她，他大大方方地爽朗地笑着向她介绍，拍了拍女友的肩。他的声音那么爽朗，爽朗得无一丝微妙。

“唔……漂亮。”她点头，笑容艰难。

为什么会有那些短信？有那样的短信，为什么又要有现在？钻心的疼痛。

晚上，她拨通了他的电话：“祝贺你，可是……你给我发的那些短信？”

“呵，那些短信啊，”他在电话里哈哈一笑，“有的是我随手转发的，好玩嘛。短信不就只是短信吗，还能当真了？我还经常接到中了什么大奖的短信呢，要是都相信了，那还不……”他的声音极其大气。

“啪”的一声，她扣上电话。从此，她的生活再不需要短信了，她相信。

借与不借，都可能从此失去一个朋友

⊙ 没有债主，也不当别人的债主。两不亏欠，自在。

钱是人性的试金石。

人际交往中，最让人尴尬的，大概就是借钱和被借钱了。

有朋友在微博、微信上发了这样的话：这几天本人QQ和微信被盗N次，今天特在此告诉圈中好友，无论是过去、现在还是将来，都不会向亲朋好友借钱。所以如果哪天QQ、微信、短信或者其他方式向你们借钱，一定是我的号被盗了，请不要理会。

这样主动地昭告天下，是很为朋友着想的善意提醒。让人看了心头一暖。

还有人在微博上说：这些年过得还好，钱够用。既没有少到需要借钱，也没有多到能借钱给别人的地步。这样挺好。

这是理想的生活状态。没有债主，也不当别人的债主。两不亏欠，自在。

莎士比亚说过：“不要向别人借钱，向别人借钱将使你丢弃节俭的习惯。更不要借钱给别人，否则你不仅可能失去本金，也可能失去朋友。”

有过多次被借钱的经历，有几次真挺让人吐血的。

最郁闷的是有次被隔壁办公室同事借了300块钱，倒是第二天就还了，很快。但是还的是两张。我把她还给我的钞票掰开了揉碎了地看，眼珠子都要掉出来了，没错，就是两张，200块钱。

这是什么意思啊？她记错了？还是她还我的时候数错了钱？她还钱之后和我谈笑风生，似乎很为自己雷厉风行的还钱作风感觉快慰。我的唾沫咽了又咽，才绝望地把那句“你为什么少还我100块”的话给咽了下去。我愿意相信，她不是故意的，只是搞错了。我只能故作大度，而她一无所知。

从那以后，一见到她，我都会想到那没有名分的、被亏欠的100块钱，心里就忍不住悻悻然。后来想想，真不如说出来的，说出来才豁亮。半开玩笑地，或者认真而又不经意地说出来，让那个莫名的悬疑大白于天下。100块钱是小事，可它对内心的压迫，如鲠在喉的小折磨，不是小事。

还有过一次很糟心的被借钱经历。

那是我出差在外地时接到一个电话，六七年没有联系过的住在邻市的同学，她问我在哪里，我说在外地，她东拉西扯了两句，支支吾吾地，就挂了电话。一分钟后来了一条短信：有件事想跟你说，又不好意思说。

活该我好奇害死猫啊，我说什么事，说吧。

短信一发出去我就想，能有什么事呢，肯定是借钱吧。

果然，她回过来：想借你5000块钱，家里出了点儿事，现在急需，过两天就还你。

本来我是不太想借，也完全可以不借的。借口很好找：我现在外地，不方便转款。再说，我们不联系这么多年，对彼此的重要性也没有到我一定要帮她的地步。但是我转而又想，现在向人开口借钱，多需要勇气啊，尤其是向一个多年不联系的人借钱，她一定是万不得已，遇到了难处。

巨大的理解和同情让我动了恻隐之心。何况她还信誓旦旦地说两天后一定还我。我把电话又打了过去，说我明天上午就回郑州，一回去就上网转账，现在没法上网。她说不行，让我想办法，现在就得转。这种事，如果我托付给我爱人，他一定会起疑，不愿意配合，要浪费我很多口水，所以我就打电话拜托我郑州的闺密，请她帮我转账，也跟闺密说了对方两天后就会还她。钱到账后，同学发短信表示了浓烈的谢意，我也很为自己救人于危难的义气感觉良好。

两天之后，她那边毫无动静，我等了一周，还是没下文。因为事关还我闺密的钱，我就给她打电话，她说明天就转。第二天依然没戏。过几天又联系，又说是明天。如是者四五次。再然后，电话怎么打都不接了。我只好赶紧取出5000块钱还给闺密。再然后，同学的电话停机了，怎么都联系不上了，直到现在，失联。

直接告诉我她有难事，一时还不上，我也认了。问题是人家一次又一次告诉你明天还，马上还，然后就是不兑现。这是存心骗我玩我呢！同住一个寝室四年的同学竟变成了这样，太难理解了。活了这把年纪，还被人骗，那感受真像是吃了苍蝇。

还有一个联系不少，但交情不深的朋友，借过两次钱，每次1万元，都是三四个月后还了。第三次又借了5000元，一年多后没还。但她在微信朋友圈里发的，几乎全是飞到各地游玩旅行，赴各大酒店吃大餐的照片，让人感觉她的日子过得那叫一个滋润。在我看来，少出去玩一次也能把这个钱还给我了。

单位建的房子要交房了，得交一大笔钱，我便在微信上问她：最近手头宽裕吧？可以把借我的钱还我吗？

她回复说：你的微信被盗了吧，我没借你的钱啊。

难道是我记错了？我回忆了又回忆，没错。我说借了的，告诉了她借钱的大致时间，当时我们怎么通的话。

她说我是借过你钱，但是绝对都还了啊。

我说之前的两次是还了，但第三次借的没有还，你可以查你的银行卡记录。

然后我上网找到了我的银行卡记录，有一笔转账给她的记录，截图下来，发给她看。她这才承认有这么回事。

我依然相信，她不是故意的，真是记错了。但是借了别人钱自己却忘掉了，让人家惦记了还想不起来，非得人家巴巴地提醒，提供证据，怎么说都太让人尴尬了。

自然，这个朋友，以后是没法再见了的。

自此以后，暗暗在心里发誓，从今以后再不借钱给任何人了。

可是再遇到这样的事，具体到人，那个“不”字还是很难说出口。因为在人情淡漠的现代社会，肯开口向你借钱的人，也一定是把你当成最可信赖、最亲近的人的；借钱的人，也一定是万不得已。

一分钱难倒英雄汉的当儿，你一律无视地拒绝，也太艰难了。

借不借呢？让人尴尬的不仅是借钱，也包括被借钱。借与不借，你都可能从此失去一个朋友。

节日都不过是一种“出轨”的借口

⊙ 人们需要一些特殊的、特别的日子，逃逸出庸常的生活的轨道，寻找各种欢乐。

一直觉得，对于中国人来说，圣诞节是个八竿子打不着的节日。你在街上拉住十个人，至少有九个对圣诞节的来历说不出个子丑寅卯来，可这不耽搁人们不亦乐乎地过起了什么圣诞节和平安夜。不要说商场店铺了，现在的大学校园以及诸多公司，每到年底，举行的都不是新年文艺晚会，而是“圣诞晚会”。似乎非得“圣诞”一把，才不被时尚抛弃似的。

这些年，每到岁尾收到的贺年卡上，“圣诞快乐”的祝福也越来越多过于“新年快乐”了。甚至去店铺挑选贺卡的时候，发现“新年快乐”的主题贺卡都很难买到了，大多数都是招摇的“圣诞快乐”主题，真是让人感觉郁闷。

有一天接了一个朋友的电话，最后要说再见的时候，他热情洋溢地说：“圣诞节快到了，祝你圣诞快乐啊！”我忙说：“也同样祝你圣诞快乐。”当时舌头发紧，本想避过这句话的。

我对自己苦笑了一下，在这样一个全民圣诞的语境里，想逃过去都难。

诗人于坚在一篇文章中谈到“我为什么不歌唱玫瑰”，他认为，玫瑰可以生长于英国诗人彭斯的诗歌中，却与他作为中国诗人于坚的存在无关。于坚说：“在我的日常话语中几乎不使用‘玫瑰’一词。据我的经验，玫瑰只有在译文中才一再地被提及。”

有如此强大的自我意识与清醒感，委实难得。

他坚守于自己的价值与意义，绝不被外在的媚俗所改写，这当然需要足够强大的内心，才能抗衡一浪高过一浪的时尚势力与消费大潮。

相比之下，法国也非常坚守自己的文化，不被外来文化包括强势的美国文化入侵。从时尚、电影到饮食、家具，法国人竭力保持着自己的传统，据说他们的电台甚至不播放美国的流行音乐。如此强大、自觉的民族意识与自我意识，值得我们思考。

从某种意义上来说，所有的节日都不过是一种“出轨”的借口。这里的出轨，是指脱出日常生活的常轨。人们需要一些特殊的、特别的日子，逃逸出庸常的生活的轨道，寻找各种欢乐。

所谓的圣诞节，不知还能有多少人，能在狂欢中保持平静的力量，还有多少人，肯在狂欢中抽身而出。

请让我得到最好的结局

⊙ 这样乏味无趣的婚姻要走过长长的一生，也着实让她不寒而栗。

他们是经人介绍认识的。都到了十万火急的年龄，父母亲人的催促声声告急，她的耐心早已告罄。现在，重要的是找一个人结婚，而不是和谁结婚。

她想找什么样的人呢？有趣、可爱，能与她的感觉对接，她想要这样的男人。可是他不是。

他是个好人，却实在得近乎木讷，老实得一塌糊涂。

有天傍晚，两人一起骑车去附近的公园玩。到了公园，她正要把车子停放在门口旁边的看车处，他说，不停这儿，再往前推一段，那边有停车的位置，一会儿咱再走过来。她说为什么，他说在这停车还得交看车费，那边不用交费。她感觉哭笑不得。这年头，居然还有在乎两毛钱停车费的！而且还是在谈恋爱的时候！

可是，一个人竟能如此真实本色、不藏不掖，相比较那些貌似有气魄、说话办事咋咋呼呼的主儿，他的朴素是不是也很难得呢？聪明的现代人，还有谁会在异性面前这样呢？可见他的心地是极单纯的。与这样单纯本色的男人在一起，无疑让人感觉踏实。

在一个已没有退路的年龄，她想她应该镇压自己的感觉，死心塌地地过日子了。所以她还是选择了和他结婚。

婚后的日子，果然像冲泡了一千遍的茶水，寡然无味。

他们像来自两个国度：他关注的只有具象，除了吃饭、工作和应酬，再没别的，他甚至不会有一丝情绪波动，更别说去理解和感受她内心的那些虚弱、惶惑、悸动。

她关注的是内心、精神，可那些不着边际的东西在他那里根本没有任何价值，简直就是笑谈，是活见鬼。

他永远是该吃饭吃饭、该睡觉睡觉、该上班上班，永远四平八稳、永远按部就班、永远不会有疯狂、永远不会有闪失、永远觉得生活就该如此，而且应该一直这样无波无澜。

在她看来，他是一个没有内心的人。一个如此简陋的人，怎么可能应和她的感觉，熨帖她的内心？

其实他对她挺好，一心一意，没有杂质。

可是对她来说，他根本就没有对她好的能力。因为他永远不能给她想要的感觉，永远不能明了她的心。

有一次，他们跟着旅行社出去旅游。在一个美丽的景点，大家谈起了茶道。年轻的导游说："喝茶的感觉最好了，尤其是夜深人静时，当你沏上一杯茶，点一盏台灯，躺在床上看书的时候，那感觉最惬意不过。"大家都沉浸在导游说的优美意境中，纷纷应和。他接过来说："我不能喝茶，一喝茶肠胃就不适应，大便次数多，每次都这样……"

那一刻，她真要羞死过去，不知如何安顿自己的表情。这样的问题，她怎么可能向他讲明白呢？

这样一个裸露的人，只有实没有虚，只有具象没有抽象，只有身体没有感觉。对他来说，有啥说啥才是最大的真理。她绝望地发现，跟他交往根本用不上情趣、智慧，你只能像他一样成为最简单、最原始的那种人。

一个没有现实感的人，与一个只有现实感的人，注定背离。他们的话越来越少，屋里的空气每天都像结了冰。他宁愿对着电视看完所有的烂片，也不去书房看她一下；她宁愿对着电脑，与网上的陌生人聊得热火朝天，也不去他的身边坐一会儿。

终于谈到了离婚。

也并不是没有痛。她哭了一个又一个晚上，他也掉了眼泪。想到离婚之后一个人在偌大的城市，独自应对生活的艰难与无助，她觉得简直暗无天日。可是，这样乏味无趣的婚姻要走过长长的一生，也着实让她不寒而栗。

两个人心里都还是有留恋的，他们商定，离婚后的一年内，两人都不要再婚；如果都没遇上合适的，有一个人想复婚，而对方也愿意的话，他们就复婚。

这一天，他们带上离婚需要的证件去民政局。走进民政局，上楼的时候她腿都是软的，浑身颤抖，上刑场的感觉也不过如此了。她无法进屋，就坐在办公室外的长椅上不停抽泣。他也很难过，可是还是在沉静地办着手续——男人永远要比女人理性。

最后一个步骤，是要两个人在离婚协议上签字按手印，他喊她进屋。屋里有好几对来办手续的男女，都表情黯然。空气滞重，她越发忍不住地哽咽。工作人员验证，看协议，例行公事地提问，最后拿起一个刻有“作废”二字的章，就要在结婚证书上一摁的当口，他突然问：复婚的时候，都需要带哪些手续啊？

工作人员一愣，交换一下眼色：“你们到底怎么回事啊？要复婚现在还离什么婚啊？”

她也万没想到他会在这个节骨眼问这个问题，忍不住扑哧笑了，一边用手背擦着眼泪。

屋里的人都笑了，他也不好意思地笑起来，难堪地笑。他的笑，羞涩、难堪而又艰难，依然是一幅傻乎乎的单纯如婴孩的表情。她忽然发现，他那直冒傻气的笑那么可爱，像一颗子弹射进她的心脏，有种深深的痛。

后来，他们没去复婚，因为没离婚。

在工作人员盖章的手臂停留在半空、表情错愕的那一瞬，她呼啦一下抓起结婚证，另一只手一把拽住他的胳膊往外走，泪水呼啸着从脸上流下来，她小声却坚定地说："咱不离了，回家！"

一个失而复得的结局，正是另一个得而复失的开始。人是不是要在得而复失、失而复得中才能得到最好的结局呢？

我在我的角落独自思念

⊙ 没有你我会空洞，有你我会痛楚。所以，请保持距离。

上帝，谁在你的脚下哭泣，谁在你的身边哀鸣，谁在你的肩头嬉笑，谁在你的头上作威作福？

这个人无论他外表多光鲜、多潇洒、多高贵，内心一点儿也不比外表可怜、寒酸、褴褛的人少一分恐惧，因为他也会有紧张、哀恸、恐惧、慌乱、战栗，骨子里的寒冷、无边的黑洞、未卜的难料……本质上，大家都不过是一样的。

当每一天，我们同奔末路，在命运面前，有谁能真正永远高贵，永远不卑贱呢？

我们都是苦命的孩子，在上帝眼里做着重复的游戏。

而上帝，连笑容都倦了。

恨一个人，只能说明那个人比你强大，强大到可以伤害你。

而恨，又会进一步损耗你现在的心力。

我希望我有能力不再怨恨任何人。

不再有恨。

一个从不让自己的心灵和精神撒野的人，是可怕的；一个每时每地都让自己处于撒野状态的人，更是可怕的。

无休无止的翻云覆雨，会把人毁掉。对于生活在他身边的人来说，那该是太大的灾难。

我需要，感性的丰沛；也需要，理性的约束。

我喜欢，听任感性的流淌；也喜欢，接受理性的捆绑。

有时候，听从内心的召唤，一路狂奔，纵使飞蛾扑火，也九死不悔。

有时候，投向外界的规约，投降缴械，未必不是一样动人。

怕只怕，没有大师的成就，只占尽了大师的不羁。

要彼岸，也要此岸。

最大的愉悦，是精神的愉悦；最深的痛楚，是精神的痛楚。

你是我最大的愉悦，正如你是我最大的痛楚。

曾经是，过去是，现在是，也许永远是。也许，不再是。

没有你，我会空洞，有你，我会痛楚。所以，请保持距离。

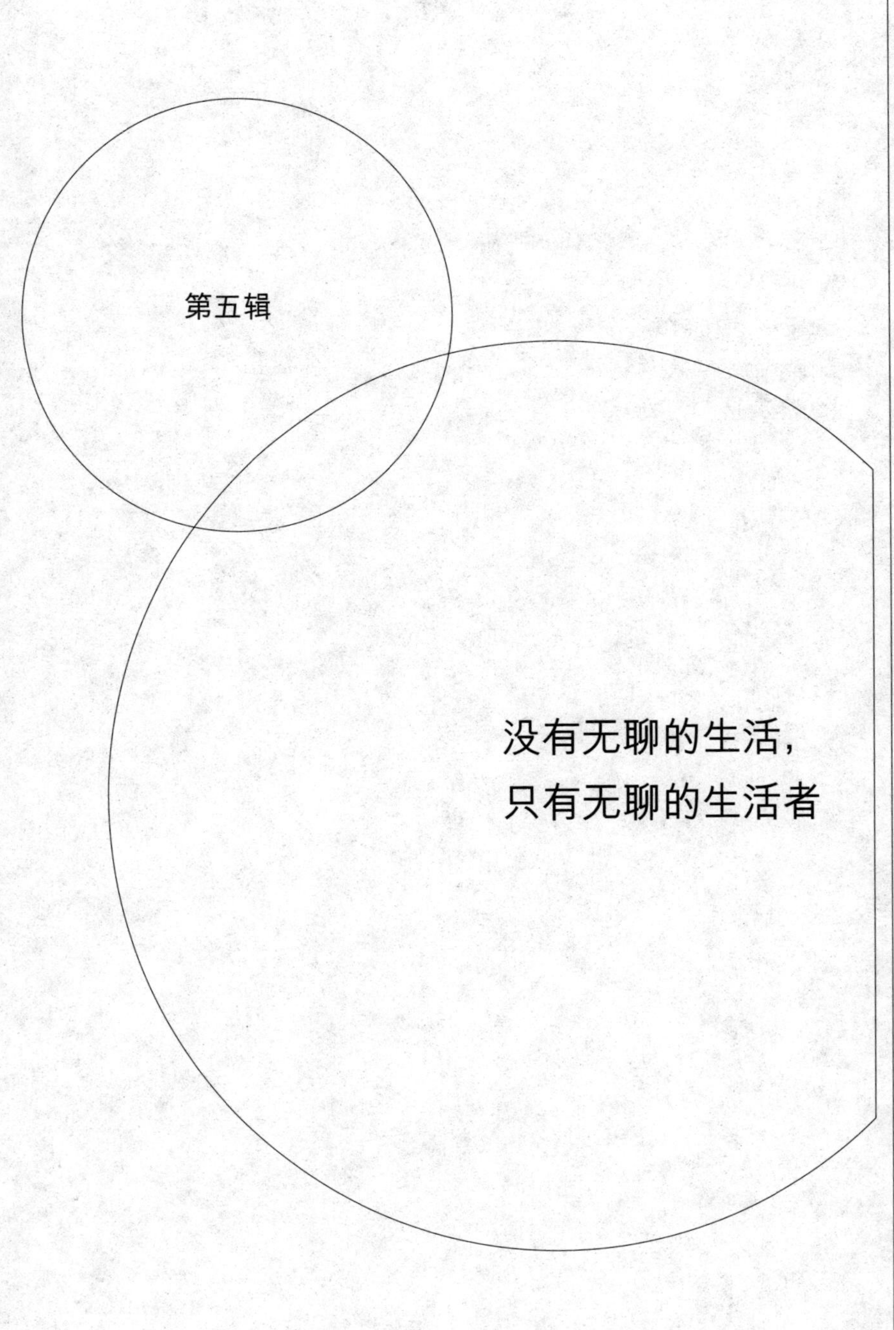

第五辑

没有无聊的生活，只有无聊的生活者

我听任感性的流淌；也接受理性的捆绑。

有时候，听从内心的召唤，

飞蛾扑火，九死不悔；

有时候，向外界的规约，

投降缴械，也未必不动人。

谁又能拒绝灵魂相逢的狂喜

⊙ 执迷不悟，是一种精神，也是一种能力。

一个夜晚，去看她的演出。她袅袅婷婷站在空气热得快要爆炸的舞台上，放声歌唱。

纯白的长裙，洁净的手指，干净的脸色，披肩的直发。灯光与热气氤氲下的脸上，泛着皎洁的荧光。

她以如此古典的姿态演绎摇滚，以战栗表达自持，以自抑表达放纵，以娴静表达燃烧，以甜美表现毁灭。

她好像永远是令人错愕的，犹如激流漩涡中一株蓬勃的芦苇，独自劲舞。歌声，是她的妆容。

在那样一张精神自足的脸面前，美丽反成了笑话。

她的味道，超越美丽。个性，亦超越美丽。

唱歌的时候，她的目光穿越人群，那种眼神是怎样的喧嚣都无法掩盖的寂寥与空茫，也是穿越无限虚空内心沉淀的饱满与沉实。

她的歌声无忌，有着女鬼痛哭，或者恋人沉醉一样的不管不顾。

歌声停歇的时候，她只低眉敛首，仿佛舞台下不是热烈的人群，只是无边的海水。她面对深透的海水，吐出骨子里的叛逆，血液里无忌的天真。

没有互动，不要互动。互动是可笑的、愚蠢的。只有音乐在自说自话。音乐诠释一切，涨满所有的空间。

对于一个即使身在舞台，面对簇拥人群的密密匝匝的眼神，也依然沉浸于自我内心、自我想象世界中的女人，身外的人不过是点点繁星。她身在其中，又置身其外。

犹如一个人跳舞。

她叫幸福大街，歌唱看不见的、令人心碎的幸福。

那个，传说中的幸福。

不管岁月如何流逝，世事如何凛冽，她坚持做这样一个歌手，不问世事，一意孤行，前程渺渺。可是就要这样的执迷不悟。

执迷不悟，是一种精神，也是一种能力。

是不是，一个无限放大、无限纯粹的自我，才可能最深地抵达世界的内核？

她让人看到，艺术与一切外部事物无关，只关乎情感、内心。

内心，就是最丰饶、最迷离、最深不可测的世界。

它那么无用，又那么艰深。

那么虚弱，又那么巨大。

一个有内心的人，她的生活该有多么糟糕、多么不成体统。她面对的世界，该有多么沉痛。

她让你相信，艺术就是永恒的天真。

她用音乐表达自己，表达得妖娆、率性、恣意。

虽然很多时候，面对世界时愈表达愈绝望。

可是唯有在表达中，才可能创造、粉碎、毁灭、再生。

常常，一个人就因为某一个表达、用了某一个词，让人有了绝妙的意会，马上觉得与其心灵相通，在瞬间不可救药地爱上他，进入痴呆着魔的境界。

我的头脑永远就是这么简单。

一个100岁也依然不可救药的人。

有次和女友一起吃饭，她说："我觉得对于不懂你的人来说，你就是铜墙铁壁，高不可攀；对于懂得你的人来说呢，搞定你很容易，搞定你太简单了……"她斜着眼睛看我，然后"扑哧"一声笑了。那一刻，我举着的拳头停在空中，定格。心想，真是这样啊。她的话让我羞愧至死。

可是，谁又能拒绝灵魂相逢的狂喜、彼此懂得的激荡快慰呢？

为了一杯茶，我愿意等

⊙ 在等待中的期待，迤逦婉转。在等待之后得来的满足，格外销魂。

我喝茶的历史几乎等同于喝水的历史。往往越是口渴难耐，越是不愿意去喝现成的凉开水。越是渴，越是需要茶来满足。

我有耐心去烧开一壶水，然后沏茶，看茶叶在一杯沸水中慢慢起舞，渐次舒展，翩然欲飞，仿若见证它的一次新生。茶香袅袅升起，我等着这杯茶由滚烫变成温热，然后感受它自喉间穿越，温润地直达心底。

在等待中的期待，迤逦婉转。在等待之后得来的满足，格外销魂。

为了一杯茶，我愿意等。就像等待一段理想的爱情，就像等待一个心仪的人，一段更好更值得过的人生。

宁可食无肉，不可饮无茶。

茶对我的意味，怎么放大都不为过，可它又是那么寻常。

柴米油盐酱醋茶，茶在这些日常的物事里被排在最后，这似乎说明它不那么重要。但在我看来，这正说明它不是那么物质的，它其实是精神化的，蕴含着对生活品质的提升。

同样是喝茶，在家里喝与去茶室和朋友们坐在一起喝，感觉是大不一样的。

在家里喝茶，那是漫不经心，浑然无觉，与你的日常生活融为一体。

去茶室喝茶，不为谈事情、谈生意、谈恋爱，不为打牌、打麻将，只为品茶，只为与朋友一起聚会，散散漫漫地聊天，此时的喝茶实在是一种巨大的奢侈。是时间的奢侈，也是心情的奢侈。

很久都没去茶室喝茶了。

忙工作，忙家务，忙孩子，不曾停歇，也无从停歇。永远都在赶，在路上。

一个周日，朋友相约，去茶坊喝茶。从踏进茶坊开始，仿古木地板，服务小姐的古典唐装，温柔的微笑，幽渺轻曼的音乐，茶室走廊中央盛放茶叶的几只大肚青花瓷瓶，过道上的一池鱼和睡莲，茶室里敦厚的布艺沙发，扎染的粗布沙发巾，还有喝茶用的木头桌椅……一切都是那么天然古朴，处处流淌着一种低调的精心。服务小姐在茶室里小步疾走，裙角撩动的空气都是温柔的。在这样的空间坐下去，身上的风尘，脸上的焦虑，都会不自觉地隐遁。坐在这里，你才感觉时光的温柔，仿佛从不曾沾染过世事风尘。

与朋友们围坐在木头茶桌前，茶香氤氲，茶气弥漫，茶色迷离。此时，只觉得时间是软的，空气是软的，彼此的说笑声是软的，灯光是软的，脚步是软的。一切都软了下来。

窗外的天光，室外的车声灯影，有了些微的不真实感。仿佛只有此时、此地是属于自己的，是甘心沉陷，不问前生与来世的所在。

在喝茶的口味上，我是狭隘的。就像一个从小吃米饭长大的人，胃口便一直习惯于大米而非面食一样。我是一向只喝绿茶，红茶、白茶、黑茶、黄茶、青茶一律不问。

这是一种口味的偏执，也是一种做人的狭隘。我懒到不肯尝试，就像去菜市买菜，只买自己吃过的菜。对于没吃过的，便不肯冒险。亦像交友，只想和老朋友玩，怯于结交新朋。怯于那彼此感知和试探的过程。直到这个暮春的黄昏，在老家茶坊，我才知道自己喝了三十多年茶，其实是多么不懂茶道！

茶的世界，向我打开了一扇无比幽深的大门。大门背后，幽光四射，茶的容颜、气息、韵致、秘密，层出不穷地向我袭来。

那晚茶艺小姐为我们捧来了“月光美人”、“紫娟”和“雀嘴”。不怕人笑我疏陋，这些茶，之前我都是不曾染指，甚至不曾耳闻过的。

“月光美人”产于云南澜沧，据说其采摘手法及制作工艺独特，一定要在晚上12点以后到早上太阳出来之前带露水时采摘，采回的茶在空旷避光阴凉的地方自然阴干，不能见阳光，并要在太阳出来之前完成粗加工。眼前的月光美人，叶面是黑的，叶背却是白的，黑白相间，一芽一叶整体看起来就像深夜的月亮，又因为采茶的多为年轻少女，故名“月光美人”。

“月光美人”，这个名字让人感觉它包含了物质与精神，实与虚，此岸与彼岸。“月光美人”此面白彼面黑，那么矛盾的颜色不知何以如此统一为一体，犹如冰火同器，暗夜极光，又似一帧黑白相片，有奇崛诡异之美，仿佛刹那间能唤醒你所有沉睡的记忆。看起来，它是消瘦的，犹如纤巧的骨感美人，可是喝起来却觉醇厚饱满，回甘无穷。它既有乌龙的清香，又有普洱的醇厚，能开启你每一个毛孔，调动你所有的味觉。在它的丰富与繁复面前，我忽然感到了自己的匮乏和无力。

如果说“月光美人”的样子是内敛自持的，犹如才不外露的君子、走不动裙的美人，能让人喝出怀旧的气息、岁月的味道，那么“雀嘴”则令人惊艳了——是那种心神凝滞的惊艳。

从不能想象，世间有这样一种茶，生得像“雀嘴”这样粉雕玉琢，犹如鸟雀饱满柔软的小喙聚在一起叽叽喳喳，又如粉面含春的佳人娇俏欲滴。单是它那浅粉又兼鹅黄的颜色，就叫人爱怜不尽，感觉那就是梦幻的颜色——如果梦幻有颜色，它能点亮你的眼睛，让你的眼神瞬间化成水。喝了两杯之后，忍不住和朋友说："这个'雀嘴'，一杯销人魂，二杯蚀人骨。宁不知销魂与蚀骨，好茶难再得啊。"

饮下那样的茶，就像不相信人生有那样的好事，喝下去了，怕自己的生活不配，怕自己的内心不配——深恐自己配不上那样的好茶。

就像面对太好的事物会生出羞惭。面对"雀嘴"，我骤然感到了自己的粗疏。就像面对美人，你如何忍心叫她瞥见你的粗鄙与落魄。

那一晚，在老家茶坊喝下那么多的好茶，与其说是在喝茶，不如说是在那里唤醒自己、唤醒生活、唤醒情意、唤醒记忆，唤醒内心所有的柔软与惆怅。

人生怎样度过，才是不辜负自己？

⊙ 做一个给自己买哈根达斯的女人，又有什么不好呢？当你属于自己，你就属于无限。

人生怎样度过，才是不辜负自己，才是最值得过的？

达·芬奇说："一个人独处，百分百属于自己，两个人相处只剩下百分之五十了。"

伍尔夫则说："我们每个人的内心都有一片原始森林，一片甚至连飞鸟的足迹都罕见的雪原。在那儿我们独往独来，而且唯愿如此。老是被人同情、被人陪伴、被人理解将会使人难以忍受。"

做一个给自己买哈根达斯的女人，又有什么不好呢？当你属于自己，你就属于无限。

"爱她，就请她吃哈根达斯。"

这是她最讨厌的一则广告。当然，连带也讨厌了哈根达斯。在她看来，这广告看似深情款款、爱意迷离，实则隐藏着可鄙的粗俗和霸道。它告诉你，贵的才是好的，愿意为你乖乖付钱的人才是爱你的。可是，凭什么人家表达爱意的方式，也要听你来指手画脚？爱她，送她一根狗尾巴草都是好的，吃五毛钱一根的老冰棍都是甜的，干吗非要给她买哈根达斯？

可是，还是有无数人买它的账。虽然她不喜欢，可丝毫不影响那个口口相传、深入人心、取得极大商业胜利的广告语。哈根达斯，已然成了美妙爱情的象征物。

每次路过这个城市最繁华地段的那家装修得美若童话的哈根达斯专卖店，从阔大的落地橱窗看过去，里面一对对年轻时尚的情侣陷在沙发里，优雅地用小勺享受那个叫作哈根达斯的东西，她都会暗暗哂笑，感觉不屑。

她永远都懒得涉足这种“时尚”。

看着广告标牌上那句咄咄逼人的“爱她，就给她买哈根达斯”，她只会想，或许会有不少窘迫的情侣，在路过这里时要面对这句话，最后落荒而逃。尤其是那个男孩子。一个有血有肉有内心有精神的人，却要承受物质的巨大挤压，她感觉这事让人不堪忍受。

是的，她从未吃过哈根达斯。在这个城市，以她的年龄，她的收入，没有尝试过哈根达斯的人，应该是很少了。哈根达斯登陆这个城市也有好几年了。在巨大的席卷一切的时尚面前，谁不尽快介入和体验一把，是会陷入恐慌与焦虑的。对于热门的公共事物、公众消费，谁愿意置身其外？

在这个城市，要想找个愿意带她吃哈根达斯的男人，还是能找到的。可她没有给自己那样的机会。

这会儿，她一个人又一次路过这里。因为感冒，涕泪交加，头蒙蒙的，疼痛欲裂。鼻子都要擦掉了，纸巾用了一包又一包，简直要疯了。走到这里时，脚步慢下来，她想，不如请自己吃哈根达斯，以此安抚一下自己？

爱自己，就给自己买哈根达斯？想起自己曾经一向拒绝哈根达斯的坚定，她自嘲地对自己笑了一下。

人在面对自己的时候，也许只是刹那间，心性就会发生巨大变化，也会有些无法预测的改变。人在某种非常时期，偶尔，也会向世界投降，向自己坚守的东西投降。稀里哗啦，败下阵来，不过是一念之间的事情。

她推开玻璃门走进去。站在柜台前，看着那不同的颜色和口味，都已是一种美妙的视觉享受。杏黄的、草绿的、象牙白的、玫红的，猕猴桃味的、杏仁味的、哈密瓜味的、榴梿味的、咖啡味的等几十种口味，她一时拿不定主意选什么。

“58元一份。”服务员说。

“可以……两掺吗？”她傻乎乎地问。

“不可以，不过你可以要两三种啊。”服务员微笑着说。

终于选定了一种，坐下来吃。偶尔揪两下那个破伤风的泫然欲涕的鼻子，响亮的鼻声响起。反正是面对自己，可以满不在乎。比两个人假模假式地坐在一起小口小口地吃，自在多了，有不为人知的快意。

她想起了朋友说的话，一个人旅游与好多人一起旅游，感受到的一定是不同的东西。

就是这样，就像现在，她一个人坐在这里吃哈根达斯。

其实一个人又有什么不好呢？一个人的时间与空间，简直是巨大的奢侈。她相信，每个人，都会需要一个人的时空的，毕竟，人只有面对自己时才会最自在，最放松。

当然，感觉奢侈之余也会惶恐。真的应该如此度过吗？看着自己周围的两两相坐的情侣们，她忽然想到，给自己买哈根达斯的女人，并且一个人来吃哈根达斯的女人，她是第一个吧？

站起身走出去的时候，她看见对面的女孩惊奇的眼光射过来，她笑起来。

推门走出去的时候，她对女孩吹了一声口哨。

那一刻，她相信自己很酷。

研究彩票的命运输家

⊙ 当你无知地站在未卜的命运面前，分明就是命运的乞儿。

当你把命运的转机寄托于一张彩票，你在研究每一期彩票中奖号码的走势规律，你的人生就已经输了。这无疑是很差的表现。

卖彩票的小屋，大都坐落在公交车站、集贸市场或偏僻的小街上，一副犹抱琵琶半遮面的样子，像是不登大雅之堂。屋子里一般只有一个人，面对一台电脑，也就是彩票投注机，墙上贴着花花绿绿的近期彩票大奖的走势线条图。三三两两的人走进去，或笃定或犹疑地在纸片上写下一串数字然后或虔诚或轻巧地把它交付出去。有的人拿着提前写好数字的纸条，像攥着自己的命运，对工作人员说：给我打这几注……他们脸上表情沉静，而心底暗流涌动。他们一定无数次地想过，如果中了头等大奖，如何重新安排自己的生活……那种生活，一定比眼下的好一万倍。

买股票的叫股民，炒基金的叫基民，现在有了一个新词：彩民。每年彩票的销售量刷刷刷飙升，早已成为不容小觑的经济增长点。晚报上，每天都有关于彩票的整版报道。

那个中了3.59亿大奖的人，一夜之间举家搬迁，不知引发了国人多少口水和揣测，其新闻效应简直比本·拉丹身亡还令人震撼。

认识他以前，她从未想过自己的生活会与彩票发生干系。在她看来，把自己命运的转机悬在这种不靠谱的事情上，本身就是一种溃败。

他受过高等教育，有一份不错的工作，怎么说，也不该是经常买彩票的样子。虽然，买彩票并不能算是一种羞耻，可至少不像是“成功人士”的做派。

她知道，对他而言，虽说并不是有了钱就有了一切。可有了钱才能实现更多的尊严，获得更多的自我解放，很多人生问题可以一揽子解决：付全款买个大房，买个心仪已久的X5或者Q7；还有，他需要接济家境艰难的姐妹，以及年岁已高的双亲……指望以个人奋斗去实现这一切，要等到猴年马月啊？现在有了2块钱一张的彩票，就一切皆有可能了……

所以他常买彩票，没事就上中国彩票网，查看中奖信息。

他是走“技术路线”的，常研究那些走势图。每当看他那么煞有介事地研究，她就烦躁。不过，她的修养让自己一直没表现出来。

这天，他又坐在那儿一边看，一边喃喃自语。她袅袅婷婷地走到他面前，说："你根本就不用中大奖的。你不觉得，你找到我，就等于中了一千万了吗？"

他笑起来，连连点头称是，说："我也觉得我中了一千万啊，不过，我想要的是1500万啊……"

他们都笑起来。

在沉重得让人喘不过气的现实面前，仿佛卑微的心思也变得迷人，茫然的期待也变得辉煌。

后来，路过彩票销售点，她也想去买它几注——她想帮他实现那个高山仰止的心愿。有一次，她鬼使神差走进去了，屋里是几个面容模糊的男子，她与他们的目光互相闪烁着交接了一下，又各自滑向别处。那一刻，她感觉犹如被人剥光了一样窘迫。

她在一张废纸片上写下一串随机想起的数字，递了过去，感觉像乞丐向施主递过他的碗……

不是吗？买彩票的那一刻，手指颤抖，心神游移，把深不可测的命运交给上帝，也是交给魔鬼。奇迹与庸常、天上与地下，只是一念之间，只有一步之遥，那一刻，当你无知地站在未卜的命运面前，分明就是命运的乞儿。

后来她再路过那里，一见屋里有人，就没有勇气进去了。而他，在物欲的压迫没有摆脱之前，也许会一直这么无伤大雅地买下去，这是他的一个心结。

那张彩票，也许永远都不会中，也许明天就中。

谁知道呢？

适量的白日梦有益身心

⊙ 一个人，再怎么张扬，再怎么疯狂，都没有他内心疯狂的万分之一。

有时候，内心有多么疯狂，外表就有多么端庄。

反过来也一样，外表有多么端庄，内心就有多么疯狂。偶尔的一点儿疯狂，逸出常规的举止，会让受困的心智得以放松。

最喜欢的一首情诗，是女诗人萨福的《当我看到你》。

当我看到你
哪怕只有
一刹那，我已经
不能言语
舌头断裂
血管里奔流着
细小的火焰
黑暗蒙住了我的双眼

耳鼓狂敲

冷汗涔涔而下

我战栗，脸色比春草惨绿

我虽生犹死

至少在我看来——

死亡正在步步紧逼

这位古希腊的女诗人萨福，生活于公元前 7 世纪。在那个年代，一个女人已经有了这样的表达，真是惊艳。

她写出了女人骨子里的疯狂，爱的毁灭般的气息。

极致的爱，往往就是毁灭性的，淹没身心，无法呼吸——可是还是要爱。但这一切疯狂、一切毁灭性的情状，都只是感受性的，并不是行动性的。它们只在内心生长，也许永远都只能发生在内心。

所以我常觉得，真正的疯狂是内心的疯狂。

一个人，再怎么张扬，再怎么疯狂，都没有他内心疯狂的万分之一。

连鲁迅都说过：如果我的内心、思想别人都能看见，那一定要把人吓一跳。

想想吧，连他老人家都是这样，说明他也会有诸多内心疯狂的时候。

多少像我这样的人，身体疯狂不了，行动疯狂不了，也嚣张不了，就只能在文字里疯狂，在想象中疯狂，在内心里疯狂。

那位隐居的美国著名女诗人艾米莉·狄金森说得好：人们不知道疯狂可能是智慧的神圣伪装，一点疯狂让受困的心智得以放松。就像适量的白日梦有益于人的身心一样，适度的内心的疯狂，是对现实的一种反抗。

表现得越多，只说明你遮掩得越多

⊙ 经历了越多的风雨，他的表情就越是也无风雨也无晴。

年轻的时候，不喜欢也不信赖表情平淡的人。

那种说起话来看不出悲喜，都不怎么牵动表情肌肉的人，我会以为他没有内心，虚假或者冷血。至少会觉得他无趣，不好玩儿，无法在精神上产生认同感。

或许这是极端的，要么深入交流，剖心剖肺；要么不交流，那种非此非彼的中间状态，排斥不要。所以曾经跟朋友说过，一个朋友很多的人，是可疑的。这种可疑，要么是他本身，要么是他朋友的质量。

现在年岁渐长，感觉正好翻了个个儿。对于遭遇的任何事，都能表情平静，付诸一笑。

对不再如怨如慕、如泣如诉的人，则会心生敬意。那当然能够见出一个人内心的力量。他有力量消化和吸收很多东西，见山是山，见水是水，饥来餐饭倦来眠。所谓仁者不忧，智者不惑，勇者不惧，日光之下并无新事，没什么大不了的。

对于一个年过三旬的成人，如果彼此并不熟稔，他说起话来总是表情剧烈，大开大阖，我会感觉比较可疑。因为这或许可以说明，他急于澄清、表白，或者依附某些东西。至少他不是见惯不惊，能把一些东西在内心消化与转化的人。很多时候，一个人表现得越多，说明他需要遮掩的东西就越多，内心往往就越虚弱。有的人，经历了越多的风雨，他的表情就越是也无风雨也无晴。那种内心的澄澈与清朗令人敬畏。

有个傍晚，朋友邀约一起吃饭聊天，在东区的瓦库，一个吃饭、喝茶、清谈的绝佳去处。瓦库里有各式各样的瓦，木头桌椅，一步一景，尽皆天然。那里的植物气息、水流的声音、轻声的人语、恍惚的灯影、梵妙的音乐，都会让你的身心瞬间沉静。在这里，你会感觉喝的不是茶，是天籁；吃的不是饭，是风景；谈的不是天，是心境。在喧嚣的城市，它的存在犹如飓风里安静的涡漩，一个奇异的景象。

在那种环境里，只有清谈，只需清谈。那晚我们四人，三女一男。那个男士，50上下，穿红色T恤，长发及肩，厚密，银丝偶现。他把自己歪在长沙发里，他的表情甚至连他整个人，都像他面前不停加冰的那杯喜力啤酒一样清淡无比。无论他谈起什么，无论我们怎么打趣他，他都如江上之清风，山间之明月，清静自然，了无挂碍。

以他的身份、见识、职务、成就，他经历过太多的世事，走过无限的风景。可是面对我们，他没有一丝自我标榜，适度的自我抬举都没有。这需要怎样的自重与淡然？以至于我完全无法把眼前这个真实的他，与他的真实身份叠合起来。

女友问起他在国外留学的女儿，他说她对历史和哲学感兴趣，以后大学要学这方面的专业。我们表示惊奇，90后的孩子，居然对这个感兴趣？大家问他是否支持，他回答：“可以啊，我只对她说，只要是自己感兴趣的，你愿意学，都可以。担心以后不好找工作？我跟她说不怕，只要你能一直读下去，读到最深，就可以了。那就不是找工作的事了……”

很奢侈的活法，很自我的选择，多好！

在他清淡的表情面前，我看到了自己，以及很多如我一样在世事面前不知所措、患得患失、左支右绌的可笑。

多年以后，我也会长成那个面容模糊、表情平淡的中年妇女吧。

在时光面前，一切都会慢慢变节。

谁都不能例外。

如果你不美丽，请努力可爱

⊙ 为着一场未竟的爱情，甚至是一场根本就没有开始的爱情悲伤，比什么都发生了的爱情，更加痛苦。

一个再有才华的女人，如果不美丽，内心也还是容易卑怯的，就好比一个再有才华的男人，如果没有钱，也还是虚弱的。

星期天的上午，我正在家收拾房间，手机响了，我的博士女友越越打来的，电话一接通，便传来她带着哭腔的声音，继而是痛哭失声。我大惊。我们眼里的越越，向来是无悲无喜，不会大笑也不会掉泪，身心都异常平静的人，这是怎么了？

她说要来我家。

她很快便到了，见了我欲语泪先流，说话间更是涕泪交加。可怜的越越，哭得鼻头红红的，看上去让人揪心。

原来，她前一天晚上与一个网友见了面。这之前他们在网上聊过两个多月，足球、赛车、文学，他们有不少共同的爱好，还有相似的教育背景，所以聊起来甚是投机。

可是一见面就完蛋了，毫无余地。

越越就是因为遭遇这个没有余地的否定而痛苦的——尽管那男的离过婚，比越越大8岁，还有一个13岁的儿子。

他们是在越越家里见的。那男的倒也干脆，和她聊了一会，就说他不可能娶一个不喜欢的女人，而他不可能喜欢一个不漂亮的女人，所以，以后不必再联系了吧！他直言不讳地说完后马上转身离开。网上聊天时建立起来的温情、心动与默契，瞬间彻底完蛋。

“这样的男人，有什么啊！你们并不合适。”我只好空洞地安慰她说。

“他离过婚又有孩子，我都不在乎，还要我怎么做啊？”越越汹涌的眼泪直滚到她厚厚的嘴唇里。

是啊，还能让越越怎么做呢？

她温良恭俭让，她勤劳、善良、本分、知足、忍让，凡事为他人着想，甘于奉献。可是，对男人来说，还是不够。

我能怎么说呢？这个世道，一个丑女孩，做得再好也不够。漂亮是女人走遍天下的文凭，连贾平凹都这么说过。

“他为什么不骗骗我呢？他就是骗骗我也好啊！”越越哽咽着说，“你看，我连被骗的价值都没有，在他们眼里我根本就是一堆臭狗屎，臭狗屎！”

越越的绝望劈头盖脸向我砸来。

我却无力安慰。

为着一场未竟的爱情，甚至是一场根本就没有开始的爱情悲伤，比什么都发生了的爱情，更加痛苦。因为那毕竟有过心的交付。

她什么都还没有经历，就遭遇毫无余地的否定，这才是她最大的屈辱。无法交付出去的身体，只能荒芜。一个三十多的女人，感情还是一片空白，这是多么难以启齿！这是越越内心最大的焦虑。

美丽与可爱，往往互为因果。一个美丽的人，往往自我意识更强，时时感受到自己的美丽，给别人和自己带来巨大的愉悦，于是她会加倍发展自己的可爱之处：她的妆扮、举手投足、一颦一笑，都会充满风情。

而一个非常不美丽的女人呢，往往也不可爱。她因为深切的自卑，而放弃了让自己可爱的权利，所以她的表现永远是僵硬的、黯淡的、毫无光彩的。

美丽与可爱，就这样互为表里、互为因果。

如果恋爱能力可以叫作“恋商”的话，那么只有过精神恋爱（而且还往往都是单方面的）而没有过身体恋爱的越越，“恋商”

几乎为零。她从不会撒娇，不会暧昧，不擅风情，不会开玩笑，不会逗男人开心，难以让男人为她产生一点点兴趣。

破解这种局面，并不是无法可想。

那就是：如果你没有老天眷顾的美丽，就竭力使自己可爱吧！尽管那需要有不放弃自己的精神和不自卑的心力。

在一个新鲜的时空中，感受更真实的自己

⊙ 他没有与这个世界融洽相处、温柔相待的能力，我感到难过。

人在旅途的时候，最能见出一个人与这个世界相处的能力。

旅行这个词，不管是音、义还是形，都很美。

旅，是天涯羁旅、自我放飞。行，是行走在路上，面对新奇与未知，探险和发现。

我们为什么需要旅行呢？也许是需要时空的变幻。在一个新鲜的时空中，感受更真实的自己，需要暂时逃避庸常的、熟视无睹的生活，从现实中告退。这时候，你仿佛没有昨天，也永远不用想明天，需要一种陌生感。从身边世界出走，感受身外世界的多样性。

2010年的诺贝尔文学奖获得者略萨说过：我只有生活在巴黎的时候，对秘鲁才有更深的认识。

旅行的作用，大抵也是如此——拉开距离，置身于一个更宏

大的视野中，才会看得更清。所以偶尔从自己的世界中出走，是必需的。但如果没有能够感受的心，没有能够发现的眼睛，那么出门旅行，一路奔波，真不如在家睡觉、嗑瓜子看电视来得悠闲。

有年春节，我和亲戚带着孩子一起去桂林旅行。她的孩子5岁多，我家的孩子2岁半。孩子还小，为了省心，是跟团旅游。亲戚家的孩子特别淘气，有着层出不穷的破坏欲，一路上“好戏”不断：

火车上，一个女孩坐在窗边，边抹护手霜边仰脸和上铺的姐妹说话。一扭脸，发现护手霜不见了，一番拷问才知是熊孩子给扔到垃圾箱了。在妈妈的呵斥下，他才又去垃圾箱捡回来；在去景点的大巴车上，他总喜欢坐最后排，然后袭击坐在前面的人的后脑勺，或是拽人家头发，然后自己躲起来嘿嘿傻笑；喜欢把一包餐巾纸的袋子撕开，把所有餐巾纸扔一地；在北海的客轮上，他使劲推撞船上的木门，门上的玻璃被震掉，碎了一地；在漓江边，他抢着要自己照相，咔咔咔一通乱拍，然后把相机扔在江边湿地上，看我们在一边气疯的样子，他站在一边乐呵……熊孩子出没，确实恐怖。

每一次让人不堪忍受的破坏之后，他的手心、脸上或者屁股上，都会挨上他妈妈重重的巴掌。但是，管不了五分钟，下一个破坏行动又开始了。一路上伴随着他不知停歇的闯祸，以及之后他妈妈的打骂，充满了暴虐的气息。这造成了恶性循环：越闯祸就越挨打，越挨打就越不听话、越要搞破坏。一天下来，全团的人没有人敢碰他。当然，他妈妈也好生尴尬。这一路，他妈妈全处于看护他别出岔子的紧张不安中，无心良辰美景。

而他，除了搞破坏和吃之外，也找不到别的兴致和热情。是的，只有在吃的时候，他的注意力才专注于食物上，心理暂时得到满足。其余的时间，他的精力与兴趣，都处于了无着落之中。不管是千年榕树，还是只有此地才有的稀有植物，不管是象鼻山还是冠岩溶洞，不管是阳朔的水波还是北海的银滩，他的表现都很无感，已经有了一种成人式的漠然。

他的表现和反应，让我心里感到难过。

法国作家圣·埃克休帕里曾把一个衣衫褴褛但长相聪颖，常在北非某市街头游荡的阿拉伯少年描写成一个被埋没的莫扎特："也许你一生下来就具有成为诗人、音乐家或天文学家的才能，但在时间还不算太晚的时候，没有人拉你一把，时机一过，就再也无法唤醒在你身上沉睡着的这些才能了。"

这个孩子自由吗？才5岁多，他的眼睛却已经无法"睁开"看到世界了。他的内心已经闭合，无力感受世界的新鲜与多样。除了食物和破坏性的行动，他的能量没有别的释放途径。

虽然他在学电子琴、画画，不到6周岁就上了一年级，这都是因为他的妈妈一心想培养他，对他施行各种早教。但是，他没有与这个世界融洽相处、温柔相待的能力。年龄如此之小，就已丧失了这样的能力，我感到难过。我不知怎么和他妈妈交流这些。要说清楚这些，真是艰难。

直到在阳朔西街，他和我们失散了5分钟，我们找到他时，他正在人头攒动的街头大哭，以为他妈妈把他扔了……那种哭，分明是因为他所遭受的诸多打罚，而使他对包括妈妈在内的人都丧失了信任感的表现。

那个孩子在异乡街头失声痛哭的场景，长久地撕扯着我的心。

夏丏尊在《生活的艺术》里写李叔同在某小旅馆住过后，被问及："那家旅馆不十分清爽吧？"

李叔同回答："很好！臭虫也不多，不过两三只。主人待我非常客气呢！"

"在他，世间竟没有不好的东西，一切都好，小旅馆好，统舱好，挂褡好，粉破的席子好，破旧的手巾好，白菜好，莱菔好，咸苦的蔬菜好，跑路好，什么都有味，什么都了不得。"

不同的心灵质地，看到和感受到的，是不一样的东西。

那一路旅行，虽然前后几天都一直下着蒙蒙细雨，路滑不便；虽然每顿团餐都不够丰盛，远比不上家里的可口；虽然很多景点我几乎是全程抱着孩子走过来的，那种劳累无法想象。但我觉得一切还都挺好的。

在桂林才知道，桃花、茶花、油菜花在2月就已经盛开了。中原一带4月才有的春天的气息，这里却是二月春来早了。在除夕夜，与天各一方的一个团的人坐在一起吃年夜饭，团餐不够丰盛，我们就AA又加了两道大菜，还有人自费要了一瓶酒与大家分喝——与一群陌生人在一起吃一年中最重要的一顿饭，亲如一家，那种感觉很奇妙。而且，还让孩子领略到了这个世界的大、新鲜、有趣，我觉得很值。我看到旅行打开了他的眼睛，我希望从此，他的心灵与世界之间可以通达。

如果把人生当作一场面向现世的旅行，那么其实每一天，我们都是在路上。在向前赶路的时候，别忘了停下来看看沿途的风景，也别忘了，要培养时时跳出来打量人生和感受自己内心的能力。

穿越一个人的空洞与黑暗

⊙ 她比世界更残酷，比冷漠更冷漠，比荒凉更荒凉。成功也无意义。

她永远无法穿越自我内心的黑洞。

总是在深夜看她的文字，看得灵魂出窍，脊背发冷，汩汩冒出的寒气，把自己穿蚀。那是一个毫无热气的世界，只有劈头盖脸的绝望与虚空笼罩一切。

那种生活的姿态、写作的姿态，永远是“我痛故我在”。

她的文字，有明显的表达的洁癖。这是一个人有心理洁癖与精神洁癖的象征。这让她的黑暗也显得卓然，她铺天盖地的虚无，也有了迷幻美感。

她很成功。可是依然无法感受世俗的快慰。世界于她，依然荒芜，没有什么可以告慰。一切意义与快感都被她轻易取缔。她比世界更残酷，比冷漠更冷漠，比荒凉更荒凉。成功也无意义。

她的绝望深不见底，只有沉溺。

她享受的是一种绝望的快意。所以需要不断加深绝望，印证绝望，加深痛感。

那是一种窥见绝地、抵达世界末路的快感，背向世界奔跑的姿态，宁愿以此感受一种虚幻的强大自我。

那里，永远只是她自己一个人的世界。爱人、朋友、亲人的地位都岌岌可危，无枝可依。

很多人都随时可以消失，她随时准备诀别。她只与自己的内心，紧密相守。

她只能做自己的爱人，与自己恋爱。

与自己的精神热恋，与自己的内心深深纠缠。

她穷尽于自己内心的每一条褶皱，打探灵魂的每一个暗角，呼啸着穿越内心深不见底的隧道，却永远见不到出口的光束。

她不过是蛰伏在自己的世界里，无法同行。永远坚硬的躯壳，永无破冰的可能。

这样的女人，即使与她面对面，她也依然与你相隔万里。

她只愿意独自坠落。

每一个短暂携手她的男人，都要经受对自己心智与现实性的巨大考验，最后溃败。她是一枚苦涩的果实，有让每一个爱上她的男人破碎的力量。他们见证彼此的破碎，彼此耗尽。

无法想象，那种长时间一个人的空洞与黑暗，如何穿越。那样彻底的姿态，毫无回旋的余地。需要怎样强大自持的自我，方能走过那些岁月？那会是怎样的艰难？

她那样一种精神，清醒到死，没有片刻的打盹儿，没有片刻的迷醉，所以也不会有片刻的欢腾。

这样一个女人的生活是：一个人写作，一个人吃饭，一个人送走黑夜，一个人倚在窗台上抽烟，一个人绝望，一个人发呆，一个人恋爱，一个人抵达虚空，一个人抗衡世界……

她的世界，永远是封闭、拒绝、冰凉、怀疑的。也许终其一生，都没有人可以进入，没有人可以抵达。无法惺惺相惜，无法温存彼此。一切都成为极其私人的事情。

是否，不能自欺欺人地让自己感受快乐，哄自己找到一点儿活着的乐趣，也是一种巨大的人格缺陷？

没有无聊的生活，只有无聊的生活者

⊙ 无聊是精神上的没有着落，精神上的无房户，精神上的无可归依是致命的恐慌。

精神上的无枝可栖、无可归依，是致命的恐慌。

“春蚕到死丝方尽”被无数人用来比喻人的奉献精神。在学过蚕学专业，上过《蚕体生理解剖学》这门课程后，才知道，其实春蚕吐丝，是它在二十多天的生命周期里吃下大量桑叶之后，桑叶中的植物蛋白转化成丝蛋白的必然结果。如果它不吐丝，它自己也会因为丝蛋白在体内的大量蓄积而死亡。吐丝，是它的一种自我需要、自我释放，所谓主观为自己，客观为人类。

人也一样。吃了太多营养丰富的食物，如果不活动不转化，郁积体内，消化吸收不了，反会成为毒素。

人的精神生活同样如此。有人看很多书，很多电影，去很多地方，看很多风景，却不需要任何创造性的劳动来记取和转化这一切，我常想。与他的只吸取、不排放相比，那些精神营养或许是过剩的，一直蓄积于他的心灵中，那些精神营养会丰富他的胸襟，壮阔他的眼界，改写他的内心，可是没有生发出属于他的东西，到底是遗憾的。

美国心理学家马斯洛说：“一位音乐家必须创作乐曲，一位画家必须作画，一位诗人必须写作，不然他就安静不下来。”

人必须尽其所能，这一需要称之为自我实现。英国作家格雷厄姆·格林说得更是令人警醒：“我有时觉得奇怪，为什么那些既不写、又不画、也不作曲的人能够设法逃脱人类境遇中先天固有的疯狂、忧郁症和无谓的恐惧。”

有持续不断的精神给养，然后这些养料经由他创造性的劳动重组，经过他的释放与燃烧，生成另外一种东西，犹如一种精神结晶，由此，一个人才能保持他的内外平衡——精神上的收支平衡。

只收不支，无疑是一种孱弱。

常常觉得，每一个屋檐下的生活，或许都毫无二致：吃喝，拉撒，洗洗涮涮，坐在电视机前晃过一个晚上的时光，有一搭没一搭的闲聊……只有精神活动，才能把你与别人区分开来。

春节长假时，家里来了亲戚。当很多人生活在一个屋檐下，不用工作又不用外出时，生活似乎只剩下了两件事：吃饭，睡觉。每一天都是如此。

想想有多少人已经这样过了多少年，多少代，便在心里隐隐地感觉绝望和恐惧。

让人奇怪的是，屋里有各种各样的书与报刊，年轻的亲戚一概不看有字的东西，只有电视全天开着，电脑上永远在斗地主——那才是他们流连的所在。

或许不应该有这样的疑问。难道，春节不就应该这样过的吗？

可以这样过。这是很多人甘之若饴的过法。只是对有的人来说，这是不能承受的生命之轻。

不少学习很好的孩子，一旦空闲下来，没有作业可做的时候，不知道干什么；很多忙碌惯了的成人，一旦从工作岗位上走下来，也是这样茫然无措、空虚无聊……无聊成了某种生命的常态，也成了使用频率很高的词。那种空洞感与无意义感，才是杀人不见血的刀。从这一点来说，“知识越多越反动”的说法并非没道理。如果他只进不出，精神无着，那些知识与思想在他的身体里辗转发酵，最后就成了他的毒。

要打败一个人，不一定要他的肉体怎样，哪怕他每天锦衣玉食，只要让他常常陷于无聊之中，就是他最大的溃败了。

无聊是精神上的没有着落，精神上的无房户，精神上的无可归依是致命的恐慌。

爱因斯坦说过：我每天上百次地提醒自己：我的精神生活和

物质生活都是以别人（包括生者和死者）的劳动为基础的，我必须尽力以同样的份量来报偿我所领受了的和至今还在领受着的东西。我强烈地向往着俭朴的生活，并且时常发觉自己占用了同胞的过多劳动而难以忍受。

他的体内，一定是无毒一身轻。因为他精神方面的吸收与产出都非常可观，惠人无数。

没有无聊的生活，只有无聊的生活者。

一个人的人生有没有质量，质量的高低，无非是看他为这个世界创造了多少价值。一直记得，多年前一个同学在我毕业纪念册上的留言，他说：所谓幸福，不过是为别人奉献了自己的能力与情感。

给予美好，才能获得美好

⊙ 那些得与失，让那些有聊者好好纠结去吧！

有时候，不需要世故，不需要怀疑。也根本就懒得世故，懒得怀疑。不一定是因为你值得相信，而只不过是因为，我愿意选择相信。给予信赖，才能获得信赖。给予美好，才能获得美好。

往往，我们只会看到我们想要看到的东西。

干吗要怀疑呢？很多时候，只看到并且相信事情的表面，也没什么不好。

怀疑，伤得更多的不过是自己的心绪。好好的心绪，做什么不好呢，发发呆都是好的，干吗用来怀疑这个那个呢？那些得与失，让那些有聊者好好纠结去吧。

我要对一切的精明敬而远之。

精明是精明者的通行证，糊涂是糊涂者的墓志铭。

我就要这个好了。

我只看到了你美好的一面。你的小聪明、小天真、小心思、小伎俩、小烦忧、小戏谑、小欣喜，谁个又能没有呢？

只不过是，你站在了明处，它们一点点地从你身上渗出来。我看到那些，恰如看到我们自己。所以可以会心一笑。

没有谁可以置身其外。

一个年轻的旅伴。她的脸那么年轻、饱满、甜美。她看什么都是笑嘻嘻的样子，那么诱人。真正的年轻，是她还有透明的澄澈的眼神。那可是什么化妆水都装扮不出的。

那才是真正的年轻。不需要世故，不需要怀疑。也根本就懒得世故，懒得怀疑。因为，世界是透明的，一切都是那么懒洋洋的，好似从没有过苦痛。

面对那样一张年轻的脸，我忍不住暗暗发誓，重新做人，一定要做一个永远甜美、永远憨笑的女孩。

在那样一张随时可以笑起来的脸的映衬下，一切精神苦痛，都显然是可疑的。

那一刻，我相信，有酒，有肉，有山风吹过，更兼身边还有笑谈恣肆的女友，苦痛何来？

不如拍着桌子，高呼：小二，再倒一杯酒来。

让我在文字中撒点儿野

⊙ 在文字粉饰的地方，生活却热气腾腾、剽悍嚣张地以另一种姿容登场。

偶然地与一个朋友聊天，他说："其实你在非写作状态中，在作为物质人的时候，非常活泼、开朗、亲切、大度，并不是你文字中所表现的那样。"

好像确实是这样。我不过是在寻找一种绝望的激情。用文字加深绝望，用绝望引燃激情。

他的眼睛真毒。虽然，他才认识我几天。

想想看，那不过是在文字中撒野。或者，是在写作中矫情。就像很多人在文字中搔首弄姿而不自知，对文字中表达出的自己深信不疑。

文字的欺骗性确实很强。不光欺骗别人，也会欺骗自己。不仅魅惑别人，也在魅惑自己。让你误以为，你就是文字中表现出来的那个你，用文字装扮出的那个你。就好像一个时常面对镜头的演员，总会把镜头中那个经过无限粉饰，拥有无数观众瞩目的自己当成真实的自己。在没有镜头时，也依然还有被镜头注视的错觉。以至于举手投足中，依然还有驱之不去的表演性。那个你，当然更符合审美、接近理想，更绮错婉媚、灵透可人，更宜室宜家，上得了台面。那个文字中的你，当然更值得你自恋。于是，你把写作中的你与非写作的你混为一谈，愈陷愈深。

你对作为物质人的自己视而不见，却对作为精神人的自己迷恋深深。你绞缠在自己的内心天地里，感受的是那个被自己无限虚构的自己，而失去了在现实中冲锋陷阵的力量，所以你总是无力应对现实，总是格外虚弱。

其实，与生活的含混、多义、粗陋、辛辣、火爆、汪洋大海一样地扑面而来相比，写作不过是一维的，一经写下就成为固体，凝固不变。而现实中的你却瞬息万变，此起彼伏，潮起潮落，不一而足。在文字结束的地方，生活却刚刚开始。在文字粉饰的地方，生活却热气腾腾，剽悍嚣张地以另一种姿容登场。

如此想来，便觉滑稽，于是问他：“那你若喜欢一个人，是更爱文字中的她，还是文字之外的她？”

他笑：“文字中的她与文字之外的她互相衍生、互相抬举，又互相践踏、互相不容。两人互相篡改，又互相僭越；互为表里，又互相揭露，亦敌亦友。没有这个她，便也不会有那个她。”

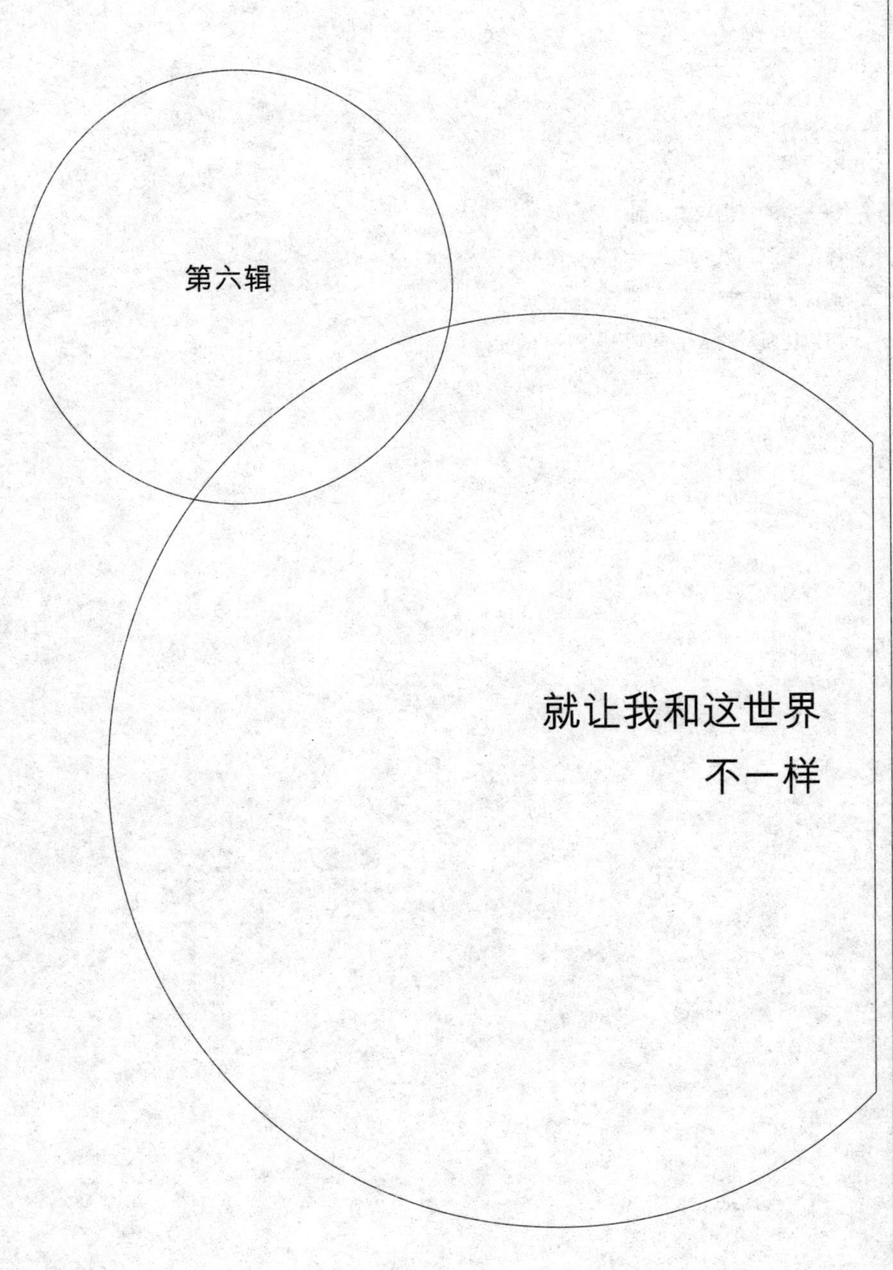

第六辑

就让我和这世界不一样

每一次的打击与重负都来势汹汹，

深不可测。以你的热爱穿蚀一切。

或许，唯有热爱，

可以让所有的人生黑洞坍塌消融。

做一个安静的非人类

⊙ 黑掉所有的人，让世界的喧哗与骚动瞬间化为虚无。告别人类，成为一个安静的非人类。

网络、微信朋友圈，把我们的生活都重构了。

有个朋友，性格热情爽朗，她经常分享到朋友圈里的链接，从文学艺术到养生保健，从政治秘闻到娱乐八卦，有些还挺有意思，有些也很有营养。刚开始看到这些，感觉她还挺慷慨的，看到了好东西都愿意拿出来与大家分享。可是后来，见她每天都能发出十几条甚至数十条，一一看过来，半天时间都过去了。有些链接，点开看不过尔尔，不看又让人手痒，很杀时间。英语里有个词叫 kill time，直译就是杀时间、浪费时间的意思。

杀时间这个说法，真是形象。后来在朋友圈里一看见她的头像冒出来，便感觉复杂，觉得她像是拿了一把寒光凛凛的杀猪刀，屠向大家的时间。意志稍微不坚定一点儿，时间会被她挖去一大坨。

有个朋友是养狗狂人，对她家狗的关心和热爱远大于人类。她发在朋友圈里的微信，大都是和狗相关的，狗照片、狗食物、狗玩具，狗的各种风采和各种养育事宜。

好在微信有个功能：不关注她的朋友圈，那样她发的任何东西都不会再出现。不论她发的时候多么用心，多么热切期待有人与她互动，在你这里都是一片空白——我果断取消了关注。因为对人类的事情还关注不过来，实在不想关注狗。

有朋友是文艺青年，总是用文字呈现和还原一切，如同身心暴露狂，在朋友圈里与人分享很多属于个人的秘密。她的情伤、她的心碎，她的疼痛、她的难堪，都会用文字呈现，和盘托出，好像微信朋友圈里的每一个人都可以交心。这样的女人，让人心疼。她那些痛切的文字，都能得到正确的理解与她想要的回应吗？我不敢想象。

有朋友只在朋友圈里展示她最无意义、最无所指、最无关紧要的生活碎片，不知这是一种故意地对生活的轻化虚拟，还是一种无关痛痒的叙事策略。那种绝不呈现一星半点真实，不透露一点儿内心真相的文字浮沫，让人看了悻然无语。感觉就像一个钟鸣鼎食的贵族，却给到访的朋友只捧出一点点残羹剩饭，怎么着都给人一种被糊弄感。这就像我们身处的时代语境，轻化、无意义化、虚飘化。

还有一种朋友，她的微信设置是不看所有人的朋友圈，也不让所有人看见自己的朋友圈。既不晒，也不看别人晒。宁静自足的世界，真是太拽了，这是我心里的天人。

有个作家朋友，朋友圈里只有极少的几条转发，没有发过一个原创的文字。她笑称：不给钱的文字，一个也不想写。表面上是这样，深层次上，我想是她不想让自己的人生、自己想写的东西沦为碎片，因为她有把它们整合成为更有效、更有质量的文字的野心。这里包含着一种对文字的高度自重。

还有一个朋友，对她朋友圈里所有人的所有微信都点赞和评论，一个也不放过。经常显示的评论时间是凌晨2点，我觉得这暴露了一个人的深度寂寞。

对有的朋友，我虽然想知道TA的一切，却选择了不看TA的朋友圈，因为TA的一举一动都是对我的干扰。只知道TA还存在、还在努力，这就够了。我完全不想知道得那么具体，我宁愿让我们相忘于微信朋友圈的江湖。

每一天，面对微信朋友圈上密密麻麻的各种秀、各种晒、各种分享、各种搞笑、各种撒娇，那个杀时间的利器，心里常常涌起的一个冲动是：黑掉所有的人，让世界的喧哗与骚动瞬间化为虚无。告别人类，成为一个安静的非人类。

不能承受的生命之朋友圈

⊙ 很多千回百转的心事，翻江倒海的心思，都只能按住不表，引而不发。

避重就轻，避实就虚，隔靴搔痒，小题大做，搔首弄姿，无聊或故作无聊，无聊放大……总之，几乎从不触及真正的问题，这大概是很多人在微信朋友圈里的真相。

我每浏览一遍朋友圈，都会感觉轻度难堪或中度失望。

微言大义，令人醍醐灌顶的也有，只是少之又少，像偶尔的灵光乍现，在朋友圈，大家普遍都对自己的内心比较节约。

和一位教授朋友说起这个，他说，大家都在游戏而已。

又和一位女性朋友说起，她杏眼圆睁，说："谁会在朋友圈里说真格的啊？不都是玩的嘛！"

想想，每个人在生活中，都会有或多或少的伤悲，或大或小的烦恼，或深或浅的快乐，或虚或实的焦虑。很多千回百转的心事，翻江倒海的心思，都只是按住不表，引而不发。最后能说的、愿意发在朋友圈的，只是那些最无足轻重、何足道哉的泡沫，这大概是现代人的吊诡与可笑。

“朋友圈”不过是一个人际圈而已，但大家普遍没把手机里存着的大多数人当朋友。或许是不敢，或许是不愿，或许是矫装生活惯了。

很多人，练就了这样的本事：不管是说还是写，都不触及自己和别人的内心，只在表面，认真或貌似认真地打转。这种避重就轻，几乎是一种高明的甚至让人称羡的说废话的艺术，类似于“今天天气哈哈哈”。说得越多，彼此越远离。越是远离，他感觉就越安全。这是一种自保，还是不由自主地聪明打滑，不得而知。我觉得这种风格很神奇。

在对方眼里，大概同样神奇的是我这种微信上的暴露狂——不暴露自己真实的内心，不写出点儿曲曲折折的心事，就觉得毫无意义，就觉得轻薄难耐——彼此辜负了。

偶尔，在朋友圈里，也想效仿某种时尚，娇媚地展示一款指甲油涂在修长手指上闪闪发亮的样子，为一绺头发梢的发岔而烦恼，为又吃胖了二斤肉而抱怨不休，为错过了某品牌的一款裙子而生气，为眉毛修错了两根而痛心，或者为午夜的细雨而伤怀，为购得一只价格不菲的发卡而欢欣……

偶尔也想这么天真而幸福地矫情一把，矫情得不以为是矫情，可是天知道，这些东西从来进入不了自己的世界。只有大山压顶一样的工作，滚滚而来的琐事。不去说这些而去说那些，总让人觉得，那是不能承受的生命之轻。

有人在微博上说：微信朋友圈里的那些照片并不会让你对某个人有生活上的了解，它唯一能提供的就是见识这个世界小到居然有那么多丑陋拙劣的搭讪，以及自以为隐蔽的春心和奸情。

原来，朋友圈还有这功能啊！

不同的人从朋友圈里看到了不同的东西，你看到了什么？

向前，才是别无选择的姿态

⊙ 我只怕时光的销蚀、世事的变迁、内心的变节，让彼此都经不起打量。

同学会，近乎照妖镜，也是现形记。

世相混浊，人心混浊，我们再难回到当年的情意。

世事变幻，不愿回想。面对扑面而来的生活，向前，是别无选择的姿态。相濡以沫，不如相忘于江湖。

所以当有同学在QQ群里热闹地张罗着同学会——毕业20年后的首聚时，我一开始的想法是绝不参加。

那是一所中专学校，我卑微的第一学历来自那里。毕业时年方十八，青春少女，现在则近中年；我只怕时光的销蚀、世事的变迁、内心的变节，让彼此都经不起打量。所以我想还是不去的好。

毕业后与同学之间零零星星的联系中，知道了我们班出了两个博士，包括我在内的两个硕士，还出了两三个千万富翁，几个乡长、局长——我们对别人的描述，大抵都仅限于这些很外在的东西。

后来接到一位女同学的电话，她质问我，为什么不去呢，这辈子可能也就这一次了，去吧!

这话让我心头发紧，仿佛看见了自己的寿数一样，突然感觉呼吸紧迫。便想也是，还有什么不能面对的呢？面对比逃避更需要勇气。那就去吧。

去之前我觍着脸对先生说："我借个宝马X5去吧，得充个阔呀！"先生讥诮道："你弄个兰博基尼去呗，那才风光呢！"

在同学会上显摆或冒充成功人士，或许是每个人都会有的一点儿小人心态。玩笑归玩笑，最后还是开着我家那辆被我剐蹭得不像话的小车去了。

大家的变化都很大，每个人都被时光改写，每个人也都有难以被改写、属于他个人的Logo式的东西。

当年从不穿裙子、留长发的假小子，现在竟穿起了超短裙，扎起了马尾巴，被岁月招安成贤妻良母，带着她年幼的第二个孩子来了。

当年那个永远平跟鞋，走路一路飞奔的中性女生，现在变成了像琼瑶笔下的女主人公：长发飘飘，紧身一步裙，凌波微步，气质变得那叫一个大，让我和小伙伴们都惊呆了。作为睡在她上铺四年的姐妹，我感觉是这厮的女性意识觉醒较迟，所以现在才要补课了。

当年班里最为忧伤阴郁、多愁善感的妹子，现如今变得豪情迸发、火辣辣的，在聚会上她很快就把自己灌翻了，实在是“酒不醉人人自醉”。大醉之后的她对靠近她的男生女生见一个咬一个，几个人都荣幸地被她咬伤挂彩。不知她这是表达对同学的爱之深还是思之切。男同学们点评：这次就她一个人喝好了。

有位男同学，打死我都认不出来了，因为身高不到一米七的他，体重由当年的103斤变成了现在的174斤，当年清癯俊逸的少年变成了五大三粗的莽汉。记得他当年特爱写诗，课余总是趴在课桌上写作，与人言必论诗。这些年他一直在乡镇基层工作。聚会的那晚，我在饭桌上问他，现在还写诗吗？他淡淡地笑了一下，说：“做梦都不会写了。”

这话震到我了。后来一想便也释然：与生活相比，诗其实是轻的。生活高于诗，也远大于诗。用心生活，就是最好的诗行吧——有时候，不写比写更艰难，放弃比坚持更沉重。在生活面前，挺住才是一切。

盛大而漫长的晚宴之后，一起参观校园，然后转战KTV。几个小时的热烈里，喧嚣的声浪淹没了内心的声音。

第二天上午，原定的茶话会不知怎么变成了去市郊的休闲农庄游玩。

农庄离市区很远，一个浩浩荡荡的车队晃荡了一个多小时才到达目的地。在等待午餐的时候，男生们竟然打牌赌起了钱来，有人主战有人观战。

女生们则看风景拍照，最后坐下来时，也已很难深度交流。或许彼此都在用心或无心地审视，却不会触及更复杂、更深层的东西。或许彼此也有很多想说想问的，隔着20年的光阴，这光年般的距离，却有很多东西难以跨越。

很多话，往浅处说，已近鸡肋；往深处说呢，又无从说起。所以除了直观、表面的印象，我们对彼此的了解，并没有加深。

“这些年你过得怎么样，你快不快乐，有没有爱，你对未来还有什么期许”，没有人问起这样的话，也不关注他人的生活状态。我们像极了萧红《小城三月》里的人物，“觉得有什么话要说出，又都没有说，然后彼此对望着，笑了一下，吃菜了”。大抵如此。

聚会回来之后没几天，有人在QQ群里宣称：我们班当年留校的某某，刚刚升任副校长了，这是我们班唯一的一名副处级。这是作为好消息隆重发布的。不过，却应者寥寥。可能有人想的是，这和自己又有什么关系呢？

我想的则是，副校长的内心和生活的质量，真的会比原来更好吗？

不要用放大镜放大自己的哀伤

⊙ 深邃的思念，是一种痛彻的哀伤，深不见底。

此刻，她忽然想起他。想起他，身心都变得柔软，柔若无骨，仿佛可以在空气中游泳。深邃的思念，是一种痛彻的哀伤，深不见底。可她还是一次又一次地坠下，坠入想他的无底洞，难以自抑。

等车、上车、堵车，周围的人全是不耐烦的表情，可是她一点儿都不觉得无聊，一点儿也没有不耐烦，因为每一分钟都可以用来想他。不为人知地想他，深陷其中地想他，独自销魂。每一个细节都被再一次放大，每一句话都被再一次回味，转换为她脸上飘忽的笑容。她感觉自己熠熠闪光，照亮一切。

在想他的时候，他就是她的，无边无际。用曾经的记忆点燃自己，她灼灼发烫。是他占满了她的心，还是她让她的心把他占满？

她在想念中升腾，云里雾里。放纵自己，给他发个短信？就像那个突然袭来的诡谲的念头。以一个虚弱的借口，发一个短信。她借故和他说起某一个事，一个“正事”。压抑所有翩翩欲飞的抒情，让自己平铺直叙，让每一个字平淡无奇，不带感情。然后，等待。以无法期待的心，等待。等待下一个伤口。

手机紧握在手里，她不知道，她等到的会是什么。这永远是让她感觉没谱的事。她最没有把握的，就是对他的感觉。

短信终于响起。她收到了他的回复，终于。眼珠子掉出来，她看到了一个字：哦。这该是世界上最杀人不见血的回复吧。她没有一头撞到墙上，没有甩掉手机，只是对自己漾起一丝笑。无声的狞笑，恨不得杀死自己。为什么，世界上会有这样一个无关痛痒千刀万剐的字？

想他的时候，她以为自己很美丽，以为自己万分可爱。屈辱来临时，才知道自己有多丑陋。她在心里又一次对自己发下毒誓，永远不再给他发短信。永远。只是，她不知道，她能否相信自己。她的誓言，总是比自己更软弱。

他为什么不和自己多交流几句呢，为什么不？而且，每一次都不会。每一次。

她不能想，亦不能不想这个问题。此刻，他在做什么呢？在忙于什么经国之大业，不朽之盛事？还是在和别人言笑晏晏？是的，他为什么要应和你？他永远只是他的他，而不是你的。他凭什么要和你想的一样？凭什么，让你陷入更深的虚妄？他永远只会以这种方式，让你达到破碎的心理高潮。

转身。让自己转过身去，永不回首，但却早已无力转身。

心情的放大镜，让即兴的相思变成一场即兴的折磨。疯狂过后，思绪灰飞烟灭。她看着自己血肉横飞，一片狼藉。

被时代杀死的词语

⊙ 一个朋友越多的人，真正意义上的朋友就越少。

汉语的精炼、优雅与简洁，世所公认。可是现在，很多原本美好、宏大的词语，早已因为我们的滥用，而失去了它的意义，甚至成为笑谈。一个又一个词语被不负责任的现代人杀死，我们，已经成了词语的刽子手。

美女。

想当年的“美女”，是能够勾起我们无限美好的想象的，所谓“手如柔荑，肤如凝脂，领如蝤蛴，齿如瓠犀，螓首蛾眉，巧笑倩兮，美目盼兮”是也。

现在可不，从“美女作家”引得人人喊打之后，“美女”也已泛滥成灾，是个女的都是美女。有人笑言，下一版的《现代汉语词典》上对“美女”词条的解释将改为：对女性的统称。从3

岁小丫到72岁老太，“美女”一词尽可以一言以蔽之。

“美女”这个词早已身份日下了。有个笑话说：有女被人一口一个“美女”地叫，她义正词严地反击道：“你才是美女呢!你们全家都是美女!”

往后，我们再要夸人家美女可怎么办呢？你恐怕得说：绝对的美女，超级美女，货真价实的美女……

同样被毁掉的词，还有“帅哥”。可怜武大郎生不逢时，若是生在现在，他到一切消费场所消费，都能毫不费力地混个帅哥当当。

正宗。

街角旮旯里巴掌大点儿的小店，门头上也一定宣称自己是“正宗×××”。正宗兰州牛肉拉面，正宗台湾汉堡，正宗泰式洗浴，正宗国际连锁……几乎可以肯定的是，标明正宗的，大半以上都不会是正宗。

朋友。

不过是一面之交，也毫不含糊地号称朋友；初次见面，酒桌上酒杯一碰，马上有人深明大义地宣称：以后大家都是朋友了啊!

“朋友”本来具有的古典光芒早已被我们消耗殆尽，成了彼此交换使用价值的遮羞布，可以概括一切日渐复杂和堕落的人际关系。毫无疑问的是，一个朋友越多的人，真正意义上的朋友就越少。那种高山流水、心意相通、彼此无猜、士为知己者死，“狂风吹我心，西挂咸阳树”般心心相系的朋友，恐怕难找出一个。

大师。

写本书就能被吆喝成大师。气功大师、文学大师、艺术大师……大师满天飞，一抓一大把。你随便出去参加一个饭局，兴许就能在饭桌上遇上两大师，你说你的运气咋就这么好呢?

……

那么多古人原本不曾轻易使用的词语，早已在我们嘴里或在我们的笔下泛滥成灾，丧失了原有的意蕴与应有的重量。我真害怕，有一天，所有美好的词语都不再被信任，所有宏大的词语都只能招来哂笑，走向它们的反面，那我们该何以表达自己，呈现内心?

也许有一天，我们用任何一个好词，都得用三个以上的定语、四句以上的排比，才可能差强人意地表词达意。到那时，我们恐怕只能陷进文字的废墟里，看着一个个气数已尽的词语，妄自搔头，下笔无神，悲从中来。

网络的每一个毛孔

⊙ 这个时代，最了解你的，最知道你的真实面目的，是那些从不曾谋面的陌生人。

网络并不是一个虚拟世界，它有比现实世界更高的真实。褪尽衣饰，洗尽脂粉，露出每一个毛孔。只有在这里，人们才可能尽情言说。

这是网络的迷人之处，也是让我们欲罢不能之处。

网上的奇人、猛人总是多些，因为他们在这里可以语言嚣张、伪饰尽除，所以极尽快感。不像在现实生活中那样，看起来总是中规中矩、四平八稳，和我们自己一样平淡无奇，那样自然满足不了我们的想象力与好奇心。

每一个人都只可能过一种生活，经历一种人生。可是有了网络这个窗口，我们就可以长驱直入到别人的生活里。在现实生活中不好实现的，可以在网络世界里发扬光大；在现实生活中满足不了的，还能在网络世界里饕餮盛筵。

茫茫网海，放眼望去，早已进入“语不生猛死不休”的时代，生猛俨然已经成为主宰网络的美学。越生猛就越叫座，越生猛就越让人快慰，越生猛就越能给人以想象性满足，赢得关注度。只要你有幸引得人血脉贲张，眼球爆裂，好奇心大发，就等着坐收一路飙升的点击率了。

看网上的猛人竞相自我曝光，就像看到一个个人比着跳脱衣舞，裸体狂欢。当然，都是看不见头脸的裸舞——因为不认识他们，不知道他在哪里，姓甚名谁，所以只是没有头脸的裸体。

当然也有极度生猛的狂人，敢于连头脸一起全裸：那些实名制的博客，那些本人玉照豁然上网的达人，往往能借此走上一夜成名的捷径。

他们的裸体那么具象，真实到骨头缝里，他们的心当然也一丝不挂，片甲不留。真实到嚣张，真实到狂欢化，最后走向娱乐化。因为真实，高尚与龌龊、清洁与卑污在网上便也没什么界限，因为它们都有同样存在的理由和言说的价值。

在这样的网络世界，人们彼此并不认识，却可以分享彼此身心深处哪怕最难以启齿、秘不示人的秘密。就像进入一个公共澡堂，可以尽情观赏，又没有心理负担。

所以，这个时代，最了解你的，最知道你的真实面目的，也许不是天天见到你的家人、朋友、同事，而是网上那些从不曾谋面的陌生人。因为他们知道的是你的最高真实。

与现实生活中的人，你们天天见面、交谈、共事，可是却没有，也不愿意有深入的交流，你们的交流往往只是皮毛，没有深度。

如果在网络里，你还要用文字为自己留一块遮羞布，装模作样，搔首弄姿，故作高雅，往往是会为人所不屑或不齿的——那些东西，生活中见的多了去了，太乏味了，谁还不知道谁啊，用不着再在这里浪费口舌了。

当在网络世界里看多了、看惯了真，才可以对现实世界里的假，那些看似完好的道貌岸然、虚张声势一望可知。

请让我获得穿透它的眼光与力量。

请不要以真诚的心态认真地装模作样

⊙ 每日登上各大网站博客首页的，大都不过是些疯狂的泡沫。

一个人的博客，本来是属于他私人的，可是放在网上，弄得形形色色的人去看，就成了公众性的了。那你到底是该为自己写，还是为别人写？

这个私人性与公众性，有时还真挺矛盾的。

如果你能在博客里完全敞开自己，那你如何保护自己？好比在看的人面前，你脱光了自己，却要面对穿得严严实实的看客，那你如何不窘迫，如何还能感到无谓自如？

即使你能大无畏，能够做到真正敞开，恐怕也已有了表演的性质。好比一个自自然然的人一旦面对镜头，就马上变成另一个他，变成需要他表现出的他了。

如果你意在遮掩自己，那你何必还要写？隔靴搔痒、虚假表面的文字，不写也罢。可是你回避深入自己的身心，无力勘探事实，那你写下来的文字岂不是自欺欺人？

于是，有时候有的人写博不过是在搔首弄姿，以真诚的心态认真地装模作样。

在博客里，是该放大自己，还是缩小自己？

如果放大，你当然可以是你自己的中心，你自己的全部，好像地球围绕你转；可对于别人来说，这一切都会成为可笑、可疑。你的惊心动魄、死去活来，也许不过化为了别人唇边的一抹微笑，或者不以为然的一瞥。你们，根本是不对等的。如果缩小，那你如何展现你的视角、你内心的褶皱、你的感受，你的一沙一世界一花一天堂？

在博客里，是该记录生活中的鸡零狗碎，还是该追求所谓的终极问题，走向永恒与伟大？

前者，也许更是每个人每一天难以逃脱的身心牵系，却又永远只有当下的价值，转瞬即逝。一切都在飞逝，一切都会被时光碾碎，昨天的一顿美餐马上就会变成今天的一堆屎，今夜酒吧的狂热心跳与心醉一见了明天的天日，马上变得恍惚可疑不可捉摸。那么，你为此大书特书、肆意铺排的意义安在？

追寻终极问题吗？所谓终极永恒，也许是更深的虚无缥缈、镜花水月。也许有的人，终生都不必面对这个问题。活的就是现在，过把瘾就死，只要流连于具象，无谓于彼岸，未必不是现实的求生姿态。

有位学者说过："没有灵魂冲突的生活，是不值得记录的。"深以为然。只是，又有几人能有这样的高度？每日登上各大网站博客首页的，大都不过是些疯狂的泡沫，又有几篇能给人内心触动，想要放在收藏夹里的？文字泛滥、博客泛滥的时代，它们早已得到了最大范围的贬值。

看别人的博客，是该留言还是不该留言？有的人，会用心地看，看到与写博的人心意相通，高山流水、心心相印，却从不留言，可是博主的文字沉潜到他的内心，甚至会从此影响他的心性、他看待世界的眼光。这两个永远不会谋面也不必谋面的人，却在内心有了奇妙的牵动。有的人，喜欢留言，喜欢留下深深浅浅的评论，对于写博的人来说，或许需要这种应和。这种回声只是很多留言放浪随意而不负责任，或者是"沙发""板凳"之类的叫嚣应景，这种低质的交流，不要也罢。也有的人不过是以去人家博客上排泄一通的心态，粗话连篇，只为收获一把匿名排泄的快感。

和一只肉粽平起平坐

⊙ 无数个沉静的一瞬，唯有内心翻腾。

我25岁时遇上她，同窗三年后，从此是蜜友。

那一日在上海，见到了久违的她。没见的时候，总是会有无限期待。以为可以在一起做很多的事，说很多的话，又知晓和领略彼此的很多很多。结果一见面，一晃半天，似乎还没开始，就已到了告别。

或许，有时候越是千言万语，越是阻塞。无数个沉静的一瞬，唯有内心翻腾。

好在纵不及说，也彼此明了。

见面之后的第二天和第三天，她本还要过来看我的。我当然也很想见她，可她的住处离我的酒店很远，地铁公交要倒好几次，觉得让她这么费劲地跑来，实在不忍。就在短信里跟她说，不用再来了，你忙你的吧。便没有再见面。

临离开上海的那个上午，正走在喧闹的大街上，忽然收到她的短信：便利店买个蛋黄肉粽尝尝吧，五芳斋的最好，可以买真空的在酒店加热，或者便利店现煮，服务员会剥好。

看到这样的短信，忍不住乐了：如此嘱我买一只肉粽——知道我懒，怕我懒得买，所以嘱得很细。

一会儿一定去买一个，不可以辜负了这一番心意。

在回酒店的路上，正好遇到一个便利店，便走进去。正好有，正好就是五芳斋的，还剩最后一只，在那里热腾腾地煮着。很庆幸地买下了——不是为自己，是为她的那一番嘱托。

黄昏的时候，在火车上剥开粽子，里面包了很大的一个蛋黄与红肉，嚼在嘴里很扎实。与郑州的粽子风格果然不同。郑州的粽子很小巧，甜糯，里面包些蜜枣、花生之类。就像上海的菜肉馄饨与北方小馄饨的区别一样。

想起在学校时，我们那么年轻，不喜说具象的生活，不喜谈柴米油盐、鸡零狗碎。一切具象都要拒斥，都要远离。我们只喜谈内心、情感、精神事物，宁愿在无垠的精神里，感受自我的存在与内心的愉悦。

对于口腹之欲，对于来自身体的需要和表达，似乎都让我们感觉羞耻，我们避而不谈，或者视而不见。我们以为，只有精神才是可以信赖的，只有内心才是最有风景的。

而现在，我们终于可以和一只肉粽平起平坐，握手言欢，安享它的妙趣。

人生困顿，年岁渐长，我们终于学会回归尘世，静看日起日落，安于人间烟火了。

独舞，在一个人的时空

⊙ 在喧嚣的尘世里，偶尔让自己停下来，静寂下来，谛视自己的内心，让它盛开、独舞。

人们常会大谈集体生活、业余生活、文化生活、组织生活、夫妻生活……却没有人谈起过什么内心生活。

内心生活，算是个什么东西呢？在这个物质至上的现实社会，它那么虚无缥缈，转瞬即逝，甚至根本就上不得台面，还有言说的价值吗？

在纷繁的外部生活里，它被我们粗暴地忽略、漠视、挤压、舍弃，不以为意而难见天日。时间久了，连我们自己也忘了我们还需要丰饶的内心生活。

想想看，有多少人，肯和一帮相干不相干的人花两个钟头吃一顿饭，说一堆云山雾罩的废话，在牌桌上一坐一宿，习惯把所有的时间都交给单位与应酬。可是让他面对自己，独处上一分钟都是难的。在高唱着“孤独是可耻的”的认同中，我们早已习惯了忘却自我。

多少人，看似活得纷繁热闹，可是早已没有真正意义的内心生活。他没有听到自己内心的声音，甚至拒绝与自己对话——因为他活得是那么经不起打量。也许，他从来没有看清楚过自己的内心，透视它的软弱、它的焦虑、它的悸动、它的惶然、它的恐慌、它的怒放。忘了在喧嚣的尘世里，偶尔让自己停下来，静寂下来，谛视自己的内心，让它盛开、独舞，在一个人的时空。

我们的内心生活早已被挤兑得几无罅隙，日益仓皇。

我们应该面向自己，沉淀自己，抖开自己的时间，几近于无。

不知还有没有人相信，一个有着丰富内心生活的人，才可能是一个完善的人。

一个有着足够内心生活的人，才可能有境界，有飞升，有超度。

梅克林特有过一句话：你我相知不深，因为我不曾与你同在寂静之中。

这话说得何其高妙。不曾同在寂静之中，那就是不曾共同面对彼此的内心，交付彼此。有时候，你与一个人吃过一次又一次饭，于人事纷扰中打过一次又一次交道，可是你们依然彼此隔膜，因为你们从未进入对方的内心生活。

往往，外界愈喧嚣的时候，内心生活愈难有容身之地；越是闹腾，越是看起来一派繁华，我们离自己的内心就越是遥远。

有位学者说过："我每一次到人多的地方去，回来以后都觉得自己大不如前了。"

想想看，我们每天凑了多少热闹，周旋了多少场合，唯恐被排除于这样那样的圈子之外——可是回忆一下归来时的心情，往往很糟。当我们把自己的时间与精力慷慨地奉献给这样的生活时，我们的内心生活也正在节节败退。

一个人即使有万贯家财、位居高位，如果他只有公众生活，时间全部被外人、外事、外物所充塞，没有每天静静地面对自己，那他的生活想必也还是粗糙的。

因为他的内心，被忽略和牺牲掉了。

帕斯卡尔说过："我们所有的不幸，都是由于我们不能待在自己的房间里所造成的。"

还有多少人，肯安享待在自己房间的宁静的幸福呢？

25 岁的别处，35 岁的此处

⊙ 永远相信未来的某一天会出现奇迹，人生从此不同。

25岁时，很文青，宁愿信奉一首诗，也不信任老妈的唠叨。宁愿沉湎于文字里的天地，也不愿睁眼看清身边的世界。并因此以为自己精神高贵，而生出虚弱的心理优越感。

35岁时，才慢慢学会弃绝虚妄，脚踏实地，不再沉湎于虚饰与滥情的意淫世界。知道了繁花落尽，过寻常人生，需要更高的心智与定力。

25岁时，迷恋风花雪月、棋琴书画，以为精神生活才是真正的生活。

35岁时，方知柴米油盐、一汤一镬里，未必没有同样的精神，未尝不蕴藏更深的真意。

25岁时，喜欢虚张声势，故意表现成熟与老道。对一切在场面上表现得滴水不漏的人，暗生敬意，暗自效仿。

35岁时，方知没有什么是可以欺人和自欺的。说想说的话，做想做的事，谢绝装模作样与虚与委蛇，更见勇气与能力。洗尽铅华做自己，才最为难得。

25岁时，相信生活在别处，所以对眼前的一切都不以为意，不屑一顾。

35岁时，方知生活在此处。我的此岸，正是你的彼岸；我的新欢，原来不过是你的旧爱。日光之下，并无新事，“青青翠竹，悉是法身。郁郁黄花，无非般若”，环球同此凉热。

25岁时，以为青春是无边无际的，生命是挥霍不尽的，所以选择让生命充满无穷无尽的颠沛动荡，以为风云激荡的人生才叫人生。35岁时，方知能在家中静守一盏灯火，在窗外漫雪纷飞的时候，安对一盆炉火，发发呆打打盹儿，已是世间最动人的幸福。

25岁时，壮怀激烈，以为每一天都应该浓墨重彩，宁愿让生命盛满大悲大喜、狂风巨浪，相信未来的某一天会出现奇迹，人生从此不同。

35岁时，方知平和冲淡才是人生常态，心平气和需要更高的内心功力，也无风雨也无晴，已是最好的风景。

25岁时，以为世界很大，总喜欢扮酷，总是放大自我、膨胀自我，与人刻意保持距离。

35岁时，方知世界很小，我们所能抵达的天地更小。知道了与人相处，应该让彼此感受温暖与爱意；可以拥抱的时候，一定不要只是握握手。放弃所有所谓酷的行头，老老实实做人，才最为难得。

25 岁时，总是身心紧绷，纠结拧巴，自己是自己身心的敌人。以身体的欲望为羞耻，因内心的隐秘而困顿，所以难免不左支右绌，尴尬窘迫。

35 岁时，方才学会与自己和平共处，正视自己身心的一切，学会了让自己的身心握手言和，相安无事。

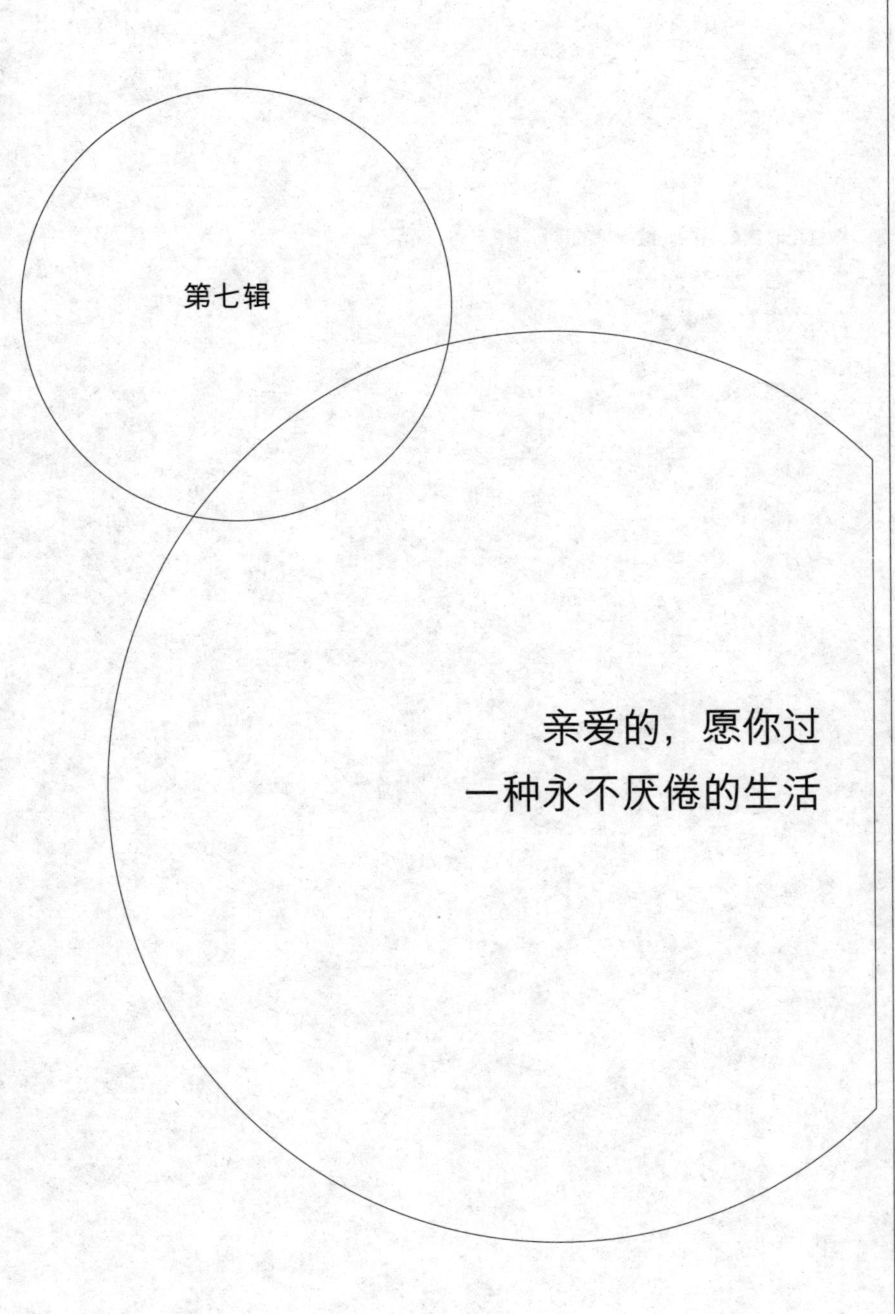

第七辑

亲爱的，愿你过
一种永不厌倦的生活

做这个时代最美丽、最冷静的传奇，

富有声名，远离流俗，

背对人群，清醒疏离。

美好的人，总会遇上美好的事

⊙ 上帝不对她这样勇敢的人偏袒一点，也会深感不安的，我相信。

有的人，青春还没盛开就老了。有的人，80岁了依然还是超级辣妹。对她而言，人生永远可以向前展开，每一天都是新生。

她就是我眼里的那个超级辣妹。与她的辣劲四溢比起来，我与我的人生实在是味同嚼蜡。不管从哪个意义来说，我都比她老多了。

有个说法是，女人的年龄只有两种：18岁和80岁。她当然是那个18岁，永远对生活持有蜜糖般黏滞的热情与斗志的超女。时光对她这样的人没辙，她会让一切条条框框败下阵来。

想想看，她竟敢在年届40时拦腰斩断自己好好的一马平川的人生，放弃待遇优厚的工作，放着锦衣玉食的日子不过，忽然跑到英国去留学，而且学的还是英国文学（之前文学与她的工作生活毫无干系），谁敢打这样的一场豪赌？

她身边的同事们都把优厚的收入换成了好房好车，换成一切看得见、摸得着、想得起来的物质享受。只有她不为所动，不买车也不买房。终于，在做好种种准备之后，她一掷万金，把自己前半生的积蓄换成了出国留学的费用，让自己体验另一种人生。

现在她在伦敦，在为拿硕士学位而拼搏，过着水深火热的生活。经常为了赶论文，连去超市买菜的时间都没有，有时甚至一星期都吃不上一点儿蔬菜水果。

“每天我犹如坐在监狱中，面对着这些僵硬的文字。如果我还在家乡，那么会是什么样呢？至少我可以吃吃喝喝。不愁生计，但是没有爱情，没有希望。而现在虽然生命里不再是灰色的，但却又没有了自由和轻闲。这些都是暂时的，无论如何，我还是庆幸我选择了这样的生活……”在邮件里，她这么跟我说。

她出国之前，我问她，为什么一定要出去呢？

她说，我一直在这个城市生活，在这里出生、上学、工作、生活，几十年都这样，我觉得太没意思了。我为啥一直要过这样的生活？你不觉得这样的人生太无趣了吗？

这个问题对于绝大多数人来说都太奢侈了，所以我们都不为难自己，我们都选择了深明大义、安全第一地活着。我们绝大多数人，连做梦的勇气都没有，所以我们只配拥有平铺直叙、一望可知的人生。

我和她是在博客上认识的，后来经常电话、约会不断——对于单身的女人来说，总会有大把的时间、精力耗在女友身上。她是我身边少有的，在这个年龄依然还对生活有梦想的人——那些在外人看来，甚至是百无一用的梦想。文学、电影、艺术以及一切美好的事物，是她的最爱，永远都能让她忘怀一切，飞蛾扑火。

我们俩都一样没什么现实感，可是她永远比我更积极，更满怀热情和兴致，充满行动力。表面上看来她是那么弱不禁风、瘦小无力，可是只要是面对她喜欢和她感兴趣的事，她能数日不眠不休，忘掉饥渴，全身都能“发电”。

这也是我在她面前最感汗颜的事。对于几乎所有的事，我都只会感觉索然、虚幻、没兴致，缺乏那种兴致勃勃的劲儿，也许今生都难改。我知道这是种悲剧性格，但是实在本性难移。可是她不，她总能保持对很多事物兴致勃勃的热情，勇于尝试，这不一定能让她活得更好，但一定能让她每一天都焕发新的光彩。

与她交流，你会时时感觉她的明媚向上。那一刻，你的情绪与心劲总能被她提升。就像她在邮件里跟我说的：“我有个中国同学才二十来岁，在英国她对景点都不感兴趣，也不参加任何娱乐活动。她总说我像二十来岁，我们俩颠倒了。我不是装的，是真的对那些没去过的地方都心存向往，对漂亮的服饰满怀激情，对学校组织的活动也极其好奇……”

她不仅是内心坚毅、能扛风雨的文艺青年，也是个柔软的小女人。第一次去她家，我观摩她的衣橱，老天！看得我下巴都要掉了——一个抽屉里整整齐齐地码着三十件胸衣——鲜红的、玫红的、紫红的、白的、黄的、蓝的、黑的、绿的。之前我从未想过，一个女人能够有如此多的胸衣——不就是个内衣么？一个人有两三件足够了吧，她大大刷新了我对女人的想象。

“对生活我的确是有着热情。在郑州你看到我柜中那成摞的内衣，在英国也一样，我把它们装在漂亮的盒子中，那盒子中有数个格格将它们分开，的确非常养眼……我只是想让你分享一下我的生活，我比其他年轻女孩更珍惜生活，甚至更爱照相，因为我知道留给我的美好时光已经不多了……”在邮件中，她这么告诉我她现在的精神状态。这就是她，再忙再累，可以放弃睡觉和吃饭的时间，独独不能放弃拍照、写博、分享美丽的时间。

现在，她在她喜欢的城市里终于遇上了心爱的人，一个高大、英俊、宽厚、可爱的英国绅士，一个绝对视她如宝，视她为美丽、优雅的中国美人儿的男人。

一个美好的人，总会遇上美好的人与美满的事，这种美好是会叠加的。上帝不对她这样勇敢的人偏袒一点，也会深感不安的，我相信。

当然，她还会是上帝眼里永远的超级辣妹。生命不息，热辣不止。

身心经得起打量的女人，都是勇者

⊙ 一个敢于正视自己身心的人，应该是勇敢的、内心有力量的。

以前，有个男性朋友跟我说，他洗完澡后，有时候喜欢不穿衣服，一个人光着身子在屋子里晃来晃去，那感觉挺舒服。听他的描述，感觉有点儿可爱。

一个敢于正视自己身心的人，应该是勇敢的、内心有力量的。那种去除一切衣饰、一切矫饰，认真打量自己身心的人，是接近真实的人。

有个离了婚的女友跟我说，她的前夫夏天特别怕热，她们刚结婚的那个夏天，他一回到家就脱个一丝不挂，然后在她面前晃来晃去。她实在受不了，哪怕她是他的老婆。在她看来，这不仅是对他自己的不尊重，也是对她的不尊重。或许她是天生对裸体有相当严重的排斥。是的，我们很多的人可以对人大谈精神，却不能大谈身体；我们敢于正视精神的需要，却羞于面对身体的需要。

女友说，她对他说过多次她的感受，让他在她面前穿上衣服，给她点儿尊重、美感。可他坚持说那样太热，衣服全会被汗溻透——他是不讲感觉，只讲现实的。于是，在他们共进晚餐相对而坐的时候，她还必须面对他皱巴巴的身体，黑压压的汗毛。吃这样的晚餐，实在太影响人的胃口，会扼杀她的全部感觉，让她这个文学青年无法忍耐。于是她狠狠地骂了几通，他才舍得给自己套上一条短裤。

在她看来，这是一个没有一点儿自我意识的人。

或许是她并不爱他，所以连带着拒斥他赤裸的身体，不想面对它。

我当时很能理解女友的感受。现实与感觉，真实与内心，总会有无限的错位，让我们的感觉受挫，内心受损。

后来看过一些西方的电影，电影里的光与影、声与色总是那么迷人。西方人总能那么好地正视自己的身体和欲望，与真实的内心握手言欢，身与心紧密相随，思想与行动紧密相连。他们坦然地面对自己的身体，就像面对自然。

但中国人有几个敢于真实地面对自己的欲望呢？有几个人能恰到好处地面对自己的身体呢？

想想自己年轻的时候，也是那样虚弱。只敢表现精神，仿佛只是精神动物，而把身体当成自己的敌人。感受到自己的虚伪，却又没有勇气真实。

现在，我想，身体之于人，就像山水之于自然。山水，是大地的自然；身体，则是人的自然。

现在，我也喜欢在夜深人静一个人洗完澡后，对着镜子擦拭自己的身体，在朦胧的灯光下，静静地打量自己的身体。

每一个女人，都希望她的身体经得起打量。当然，我还希望我的身心都经得起打量——那该是多么坦荡、恬静的人生！

性感，与外形无关

⊙ 女人眼里最性感的男人的样子，是能一边修马桶一边吹口哨。

性感，是一个成年男女身上释放出的吸引力。

这个吸引力是多维度的。不仅仅是身体上的，也包括性格上的。所以它绝不仅仅是影视剧中那些放大和张扬的乳沟、放电的眼波、薄露透的着装、猩红嘴唇里吐出的烟圈、男人的胸肌与小腹上的人鱼线……它不是这样简单的。一个成年人身上流露的性感，应该能给对方带来身心的覆盖、身心的激荡。

曾看到过一个说法，女人眼里最性感的男人的样子，是能一边修马桶一边吹口哨。这个说法很可爱，深得我心。修马桶代表一个男人搞定自己生活的能力；吹口哨则代表他对生活的态度：面对一地鸡毛、不那么美好的生活，也能气定神闲地安享它。那种样子真的很性感。

我曾在一个冬日的上午去见一位四十来岁的男人，他手里举着一把牙刷为我开门，微笑着告诉我，他昨晚熬了一个通宵，因为要出研究生入学考试的卷子，连出A、B两套试卷，刚弄停当。

他一边招呼我入座喝茶，一边去洗漱间刷牙，刷牙时偶尔还和我简单对话，满乐和的样子。他的精神虽然略有倦怠，却神色自如，言语中并无一丝对生活的抱怨和对这过去一晚的厌恶。仿佛过去的一夜，他在完成某件极其欣悦的事情。这是一个熬了一宿不睡的人所能拥有的气象吗？我好吃惊。他那种散淡如常的样子真是好性感。

还认识一位一米六五的小个子男人，他跟我说有次在电梯里，单位里年长的女同事跟他说，你要是高一点儿就很帅了。他笑了一下没搭腔。他对我说："这是什么逻辑啊，什么叫我要是高一点儿就帅了，帅和身高有关系吗？"

我很欣赏他这种态度。庸俗的价值观大行其道，女要白富美，男要高富帅，认为男人不高就不帅、不性感，这是对帅的粗暴简化。就像把性感归结于女人的三围、男人的肌肉与多金一样，无理又无趣。

而身高一米五八的大文豪萨特说过：我之所以成为哲学家，之所以渴望成名，说到底是为了诱惑女人——你看，写作是他展示自己性感的方式。

我有个女友，对于见到的男人，不管是成就非凡还是有权有钱的，她都能在几分钟内让他褪去伪饰，露出本色。这种本领说来奇妙，它或许是某个正襟危坐的场合，她一时兴起开一个火辣玩笑，或许是人人装腔作势的饭局中，她无意中讲起的一个生猛段子，或者就是她自曝糗事，讲起自己某段不无荒唐的往事，把众人逗得没形没边。

这是一个风景无限却没有栅栏的女人，仅凭说话就能让气氛高潮迭起。她或许是在以豪放伪饰细腻，用粗犷隐藏优雅，以彪悍掩盖温柔，那种不经意的嬉皮性感，总能让男人们蠢蠢欲动。就是这样，她总能迅速推进与他们的关系，女神一样无往而不胜。她是我们眼里最性感的女人。

性感不仅是一种身体语言，也是一种精神意味；不仅是一种能力，也是一种勇气；不仅是一种风格，也是一种智慧。

我眼中的性感，与外形无关，那不过是对自己的最好流露与展示，对世事的掌控能力，对对方的观照，对世界的对接与深沉理解，于人于事恰到好处的分寸感与距离感，充分而不过度的自我意识，理性与感性的完美交融，嬉皮与雅皮的恰当比例……

这样的性感，你有吗？

快乐是一种精神，幸福是一种美德

⊙ 每看到那种对自己有着过多、过分的爱的人，我都暗自为她感到紧张和羞涩。

她的心就那么大，除了爱她自己，再无多余的力气爱别人。她走不进别人，她能看到的永远只是与她有关的部分。她沉溺于自我的汪洋大海中。这个自我如此巨大浩繁，压迫了她身外的一切。所以她的烦恼总是格外的多。她成了世界上最不快乐、最需要安慰与让步的人。

你那么爱自己，会不会不好意思？每看到那种对自己有着过多、过分的爱的人，我都暗自为她感到紧张和羞涩。

一个人对世界的占有、要求与需索，得与他对世界的给予与付出成正比。否则，得到的越多就越轻。

一个人富有的程度，不在于他占有的多少，而是他能给予的多少。

我想要对自己粗糙一点儿，再粗糙一点儿。

有时忙到深夜，已无心力洗澡，一身黏汗，倒头就睡。这种时候很多，以至于洗澡成了一种对自己的奖赏。有时候感受着自己的脏，像感受着与某人相处的不洁。与有的人在一起，就是会有一种不洁感。她对你所说的话，她感受世界与揣度他人的方式，她眼中的那个世界，都会让你感觉不洁和不适。

看同样的电影和书，我们记住的是不同的细节。我们不停寻找的不过是另一个自己。我们不断地以别人的人生来印证自己的人生，以别人的内心来强化自己的内心。

年轻的时候，一个忧郁的神情，总是比欢快的表情更能打动我。就要走向中年了，才恍然明白，快乐是一种精神，幸福是一种美德。

有力量的人，都会拥有这种美德。

总是感觉自己烦恼和不幸的人，是可耻的。

如果时常感觉自己的精神被现实压迫，说明了他精神的孱弱破败。

有时，我们遭遇别人，也是在遭遇一个隐秘的自己。我们被尘埃屏蔽，连自己也已忘怀。有时，遭遇一个人，可以把内心的深藏与忘怀打开。犹如孩子唤起母亲、恋人唤起恋人，一朵小花唤起我们内心的温柔。

不向这个世界俯首称臣

⊙ 他到底怎样，谁知道呢？也并不需要知道。他们依旧，也并不相干。

第一次见面是在一个人声嘈杂、大得能把人淹没的餐厅，几个人，坐在一起吃难以下咽的盒饭。那是世界上最难吃的盒饭了，这让她没什么好气。

他们本不会在彼此的注意力范围之内，原本是八竿子打不着、互不相干的人。不晓得为什么，他突然伸过脸隔着几个人与她说话，问了她一个可怕的问题，一脸诡黠的笑。

那种笑，好像是窥破对方的心事，对一切无所不知的样子，像他的问题一样冲撞。他好像，存心是要冒犯她。

他就是要一上来就冒犯她，却又貌似无辜，不以为意。

从没有人一上来就对她这样。真是见鬼。她便同样冲撞地还击他，不遗余力。她也喜欢毫不客气。那种虚假的热情与做作的客套，在她一向是受难。但像和他这样，在一个文质彬彬的场合，一上来就干上了，真还少见。

还能遇上如此奇怪的人，真不容易。

后来知道了他是谁。她问他是干什么的，他含糊地介绍了自己。

你是×××？她随口吐出一个名字，不过是瞎猜而已。他微笑着颔首。

真的是？她大跌眼镜，太出人意料了。他笑而不语，递过来一张名片，果然，正是那个名字。

很熟悉的一个名字。看过他的很多文章，她主动看过，也有朋友介绍她看过，也想象过在那种轻灵诡异的文字后面，是怎样的一个人，现在这个人，就结结实实地站在她面前。真巧啊。巧得像是一个玩笑。

原来，她早就认识他。从文字中认识这个人，未必不比从别的什么中认识一个人更可靠。文字里流露出的心性，虚虚实实，也许都更接近一个人的真相。

知道了彼此，难免不惺惺相惜，他们一下子友好了许多。

茫茫人堆里，认出一个人来，与被人认出来，都该是一种欣喜。何况，看在他的文字那么俏皮可爱的份儿上，就原谅他的来者不善吧。一个人艺术上的精进，常会伴随生活中的怪异。看在艺术的份上，原谅他吧。

他所做的事情与她的工作正好有交集，所以可以聊下去。后来又不期然地遇上两次。不期而遇。仿佛上帝在提醒他们，注意一下彼此吧。于是有了下文。

第二天，他们相约坐在一起喝茶，谈合作的可能。总是不小心，话题就划向了别处，她的生活经历，过往种种，茫茫余生……

说的是喝茶，并没有喝茶，喝了啤酒。与他这样的人在一起，喝茶未免可惜，喝点儿酒才是对的。她要尽一下地主之谊，主动地照应他，打点一切。

他笑她的“江湖”。还从没有人说过她很“江湖”，她一直觉得，在应对世界与外人方面，她是不老练的，笨拙的。她便笑说：“在纯洁的人面前，我都玩江湖；在江湖的人面前，我才装清纯。”

之前他向她标榜过他的纯洁。他到底怎样，谁知道呢？也并不需要知道。他们依旧，也并不相干。

他文字的纯洁，她是领教过的。不过他文字中的世界，那种境界，离她的生活很远。对于生活，她早已连想象的能力都要丧失。每天纷至沓来的无数事就足以让她捉襟见肘，难有什么精力能用来幻想了。

即便她再与世无争，也难免不于污泥浊水中喘息，说服自己向世界俯首称臣、握手言欢，这才是她生活的真相，她早已习惯。

子夜时分，他们在街头告别。她以为是最后一次见他了。已经没有再见面的必要和理由了，应该就此打住。

第二天，他却又约她一起吃饭，说要送她几本书，再和她谈谈他的一个项目，然后离开这个城市。

不好拒绝，只好接受。就当是友情出演，虽然她感觉疲惫。

黄昏的时候，她给他发短信：你想去人声鼎沸的排档呢，还是去个正经点的地方装模作样?

他看了她的短信就笑了，回复她：我觉得前者更好。

他的回答，与她想的一样。

华灯初上时，她带他去小吃一条街。果然是烟火世界，烹煎炒炸的火光在路边灼灼闪耀，有无限温暖，淋漓火爆的食物汁液在空气中香气四溢，偕着生活的欢腾气息，让人心生感恩。

只有装模作样的人，才需要去装模作样的地方，累死自己也累死别人。

他们找了一家热闹的店，在斑驳的树影里，在初夏的徐风中，在路灯下朦胧的光线里，在梧桐树下的小桌子边坐下。

她问他喝啤酒还是白酒。

他说白酒吧。

他们喝了一杯又一杯。世界慢慢飘浮，光阴停顿下来。

她并不想和他怎么样。至少到现在为止，她还没有想。她只是觉得，可以和他说说话。

和这样的一个人，说什么都是可以的，什么都不说也是可以的，只要真实。

他让她感觉放松，他让她百无禁忌，他让她可以为所欲为，他让她感觉是同类。他不惮于表达自己的真实，不怯于流露自己的内心。这样的人，总是有动人之处。

而她让他感觉她的神秘与奇妙、干净与嬉皮。他说什么她都能明白。他说什么都会让她逮住机会，给他以最尖酸的打趣，最不客气的讥诮，让他又疼又痒，却无处可挠。她这样的女人，无疑是以豪放伪饰细腻，以粗犷包装优雅，以强悍掩盖温柔，以大气装点虚弱，她是他眼里奇异的风景。

后来他说，他喜欢她。

后来他又说，他爱她。

再后来他问她，能不能和他结婚。

真快啊。怎么会这么快呢，他们才见第三面，才认识三四天吧，凭什么呢？这是奇迹吗，他是纯真还是骗子呢，他有那么好吗，足以让人答应与他结婚？

她懒得去想，也不会窃喜于这种恭维。对于她来说，与任何一个人结婚，都是一种冒险。而她，早已没有了冒险的热情，没有了幻想的冲动。

在陪他走回他住的酒店的时候，她甚至借着一点酒劲儿告诉他，一个随时准备自杀的人，对生活早已没有什么指望。然后哈哈大笑，笑得差点儿倒在他身上。

他趁机想要牵住她的手，握住她的肩，被她佯装无意地甩掉了。她只是把他当哥们，一个可以说话放肆无忌的伙计。

心的贴近，难道非要伴随形体上的亲昵吗？

长得漂亮不如活得漂亮

⊙ 世界，永远都是勇敢者的游戏。

世界上有三种性别：男人，女人，女博士。

这种说法透着相当的促狭与狠辣，那意思是说女博士就是非男非女、不是女人的女人。

不幸，我的博士女友越越，就是第三种性别的、超性别的、无性别的人。

她芳龄三十有四了，却还没有结婚，也没有男友，也没有男性朋友。如果没有奇迹出现的话，这种指望肯定是越来越渺茫了。

你一定可以想到她是怎样的不美丽，又是怎样的不女人。

我们是研究生同学，她高我一届，在校时住一个寝室。记得第一次走进寝室看见她的时候，心里确实被震撼得咯噔一下，为造物主的残忍而不忍：她的肤色黑，糙，一个黑框宽边眼镜又占去了半拉脸，眼睛很小，嘴唇很厚。所有的男人看第一眼就不愿再看第二眼——看了第一眼，就会打消对她内心世界的全部兴趣。当然，后来我们熟了，看得久了便没觉得多么难看。可是，永远不能指望男人也有那种眼光。

那时候她很用功，专心治学、心无旁骛，除了一门心思考博，再无别的心事。每天行色匆匆，满脑子的学术、理论和精神事物。

那时候我们寝室住四个人，每天深夜，当我们这三人躺在床上谈论一些八卦，讲述小说里看到的情节，开一些无忌的玩笑，聊解身心的苦闷时，她已经酣然入睡——想来是没有心事，又从不思春的缘故，她的睡眠好得要命，从不失眠。

每天早上，当我们永远起不来、赶不上食堂的早饭时，她却会早早地起床，去操场跑步，然后去食堂买了早饭回来，我总是在她端着一个大瓷碗喝玉米糁的声音中醒过来，看着她晨光中的背影发一会呆。

刚开始看她吃东西，我甚至会想，一个长那么丑的人，吃好吃的也会有快感吗？之后会为自己这种促狭的想法感到有点儿不厚道的惭愧：长着同样的血肉之躯，有着同样的感受力，凭什么她就感觉不到口腹之快呢？

每天上午，当我们出门之前，必得在墙上的那面大镜子前流连，甚至周转不开时，她却早已背着大书包去教室了——她好像从来不照镜子，至少是从不仔细地照镜子，我从来没见过她站在镜子面前打量自己。也许，连她自己都不愿认真体察自己。对她来说，那也许是一件最没有意义的事。既然不能悦人，当然也无法悦己。

现在，我的博士女友工作两年了，她的屋子里竟然连一面镜子也没有。

与人说话，特别是与异性说话时，她总是眼睑下垂，或者滑向别处，从不与对方做眼神的交流。眉目传情、眼波流转，一定是她从未体味过的事，何况她还是800度的近视。

那时候越越唯一的消遣，是在每个周末的晚上和寝室里的另一个美女一起去租港台的言情小说，回来躺在床上看。

有次我好奇，便拿过来翻了一下。上帝！这一看真是吃惊不小：从头到尾充斥了无聊的财哥靓妹、物质消费等花头。

中文硕士呐，我们系的期刊室里有的是全国各地的文学刊物，可是她们竟然会看这个！那时我刚上研一，还以为从此就要跻身高知女性了，以为研究生全都有着高深的学术趣味、精神追求，一定拒低级趣味于千里之外。没想到身边竟有这样的事，真让人惊诧莫名。我笑话她们堕落，她们说：放松一下么，就看这种书最放松的了。

或许那时我们的身心是苦闷的，学业的压力、情感的无着、大龄的迫近，都让人苦闷，而低级小说里或许能给人提供一种想象性的满足。各有各的排遣方式吧，女硕士也是人哪。

越越身上几乎没有任何女性色彩，从小至大都没留过长发，连皮筋、发卡、发带之类的东西都没有用过；不穿高跟鞋；蕾丝、流苏、首饰之类的东西更是与她无缘。越越说过，如果下辈子可以选择，她一定要做男人。肯定是因为没有尝到过做女人的任何好处，才会这样的。只有那些美女才可能占尽女性的性别优势，安享做女人的诸多好处，仿佛全世界都会为她们让路。

那时候我们四个都没有男朋友，但情况却是大不一样。

另外那两个，都长得花儿一样，属于“皇帝的女儿不愁嫁”。后面跟着成群的男生。而我，虽然没有男朋友，却颇有一些男性朋友，有一点儿暧昧、有一点儿微妙的那种，关系可近又可远的那种。寝室里常有电话打过来，我在电话里和他们真真假假地调情，或明或暗地笑闹，聊胜于无。

当然，越越从没有过这样的电话——极少有找她的电话，除了她的家人，或者她的师兄弟通知她上课、交作业之类。所以每当电话响起，她都不愿意去接，因为知道不会有自己什么事。

同一屋檐之下，虽然可以心意相通，可是我们过着那么不同的生活。

都说性格决定命运，那么什么又决定性格呢？我想长相是会决定一个人的性格的，至少性格在很大程度上是要受制于长相的。比如女人，长得漂亮的，一般都是性情放松的、自我感觉很好的；而一个长得不好看的女人呢，大致是隐忍的、低调的、谦恭的。

甚至，长得漂亮的一般会因漂亮而生心理上的优越感，甚至骄纵、霸道。

同屋的另一个美女，就是那样霸道，而且总是娇滴滴地霸道，不撒娇、不发嗲简直就说不了话，一定得让人宠着她、让着她才罢休。正好也总有前仆后继的男人，愿意百般地宠她让她。

而一个长得不好看的人呢，就像越越，她从不会撒娇，从不会作小女儿状，从不悲花伤月，也绝不多愁善感。她的长相，以及她对自己自觉的定位，让她只能是坚硬的、尘封的、木讷的、没有色彩的、中性化的、无波无澜的。

比如林黛玉，必是身心美丽，才可能多愁善感。要是丑傻大姐，好像连伤感的资格也没有。如果你去伤感，只会落得别人"丑人多作怪"的不屑。红颜薄命，还能令人扼腕，如果你不是红颜呢，那么再薄的命也白搭了。

与生俱来的长相，就是这样塑造着我们的身心。

越越的生活里注定不会有春花秋月的事，她从没有过一场真正的恋爱，只有过一次网恋。

她读博士时买了电脑，上了网，一下子迷上了网络聊天。越越喜欢和人谈康德、黑格尔、胡塞尔、伽达默尔、马尔库塞、福柯、德里达、拉康、荣格、后现代主义、解构、先锋小说、法国新浪潮……

谢天谢地，越越在网上遇到的一个北京人能和她谈那些——那些既是精神的事物，又能经由精神抵达他们的内心，让他们愉悦、共鸣。

年已三旬、从未恋爱过的越越第一次有了甜蜜与煎熬。几个月的网上聊天之后，寒假到了，越越不回家就径直跑到北京去看他。

不修边幅、不事打扮的越越出现在了那个男人的面前，结果你一定可以想象得出。后来那男的彻底销声匿迹，连越越的电话都不接了。

从此越越变得更加灰头土脸，更加“第三性”了……

与生俱来的长相，就这样参与塑造着我们的身心。想要挣脱长相对自己性情的规定与束缚，需要万分强大的心力，要有自觉与自足的心态。毕竟，长得漂亮不如活得漂亮。而世界，永远都是勇敢者的游戏。

心的强大，才是真正的强大

⊙ 那些具体的、热切的絮叨会浇灭她面对人世仅存的一点儿信心。

王朔说：婚姻这种东西，下个世纪一定会灭亡。

果真如此，不知那时人们会欣喜若狂，还是会举世默哀，痛悼一个时代与家庭的终结？

现在这个时代，可以托付的人越来越少，可以信赖的事情越来越罕，无数的大龄男女想有婚姻而不可得。这种内心的惶恐与焦虑，看起来是对情感归宿的渴望，其实说白了，还是自身不够强大，有着诸多经济的、世俗的、生理的考虑，不能独自承担起生活，不能一个人把自己的生活经营得有声有色，这才使得婚姻成为一个压迫性的巨大问题。

如果一个人徘徊在婚姻围城内外，例如大龄单身的拼命想找一个合适的人结婚；结了婚过不好的又没有勇气离婚，那只能说明她/他不够强大。

比如我的一个女友，离婚两三年了还不敢告诉家人，无非是怕家人为她担心——一个弱女子，在偌大的都市无亲无故，无背景也无强大的经济实力，她怎么能把所有问题都自己扛？她没有一个依靠，怎能有独自面对生活的实力？

假如他们知晓女友离婚几年了还独自晃荡，没有再找一个把自己嫁了，或许更要抓狂，甚至为她焦躁得日夜不安。再然后，她那庞大的亲友团必全部知晓，她要面对七大姑八大姨的轮番轰炸，要面对父老乡亲的无限揣测：一个盛年的单身女子怎么过活？她的内心、情感如何安顿？

一想到大白于天下之后要面对的这些，女友就绝望。那些具体的、热切的絮叨会浇灭她面对人世仅存的一点儿信心。

所以，她一直没说。可是一直这么下去，让她感觉自己是个骗子，感觉心里像是压着一块大石头，堵得要命。要么是说出真相后让家人揪心，要么勉为其难地继续做戏让家人疑心——两害相权取其轻，只能把戏演下去，糊弄一天算一天吧。

说到底，还是女友不够强大，没能力让家人觉得，即便离了婚也没什么大不了的。假如你身家百万，或者是个成功人士，离婚又能怎样！离婚虽不是好事，但也不足以降低你的生活质量，你照样可以生活得风生水起，让家人为你十二万分的放心。

那么多的人成了结婚狂，我想无不与他/她不够强大有着深层关系。

或者因为其经济不够强大，需要仰仗另外一半来弥补亏空。比如你一个月3000块钱工资，何以即维持自己的生活又能买房交月供？可是两个人一起，就好安排多了，可以一个人的钱拿来吃饭，一个人的工资去交月供。但如果你年收入几十万，这又算什么问题？

也或者是其人格不够独立，内心不够强大，不足于抗衡外界的舆论、别人的眼光与揣测。比如有些大龄女明星或女强人，也会急于嫁人，那不过说明她内心不够强大，不得不俯就，给公众一个看似圆满的交代。

我的博士朋友越越说过，女人总应该结一次婚的，哪怕结了就离，离过婚的女人也总比不结婚的女人正常——看来，哪怕再普通的人，也需要给公众一个“正常”的交代，表现得和大家一样，如此才可能不被人视作异端，“安全”地过活。

所以，很难说，结婚到底是个人需要还是公众需要。

而那些已经很强大的，比如钻石王老五级的人，不结婚又有什么要紧？他不结婚只会增加他的含金量，一个单身的钻石王老五岂不更是羡煞人吗！

现在，诱惑越来越多，婚姻到底还能给人带来多少信赖感与皈依感呢？真是很可疑。

我总是相信维持一段时间的好婚姻并不难，可是维持一辈子的好婚姻则并不容易。

每但是我想，无论男女，与其为了结婚而结婚，不如让自己强大起来，才可以有更多的选择，才能更海阔天空地过自己想要的生活。

执着于快乐，便不快乐

⊙ 一个内心冲淡、一无所求的人，才会真正心平气和，见山是山，见水是水。

有一次和朋友说起某个人的文字，朋友说，不喜欢那人的东西，因为太用力了。

是的，一个人表现得太用力，声嘶力竭或倾尽自己，总是不聪明的。太过了，就容易耗干自己，显出贫瘠的实质来。

如果你看到两个陌生人，想知道谁强势谁弱势，谁优越谁卑怯，谁是求人者谁是被求者，只需要看他们的表情，谁的表情更丰富更用力，便是更没底气的一方。愈是高高在上的表情便愈松弛，很少会夸张地表现自己的情绪。

他又来找她。说话时，他总是用词夸张，表情浓烈，手势有力。每次见他远比平时用力的样子，她的心里就越发疏懒，眼神越发缥缈。其实平时的他也是矜持的，甚至傲慢的。可为什么一来到她面前，他就有了表现自己的意思？那几乎是身不由己的。

所以，每次与她告别，他都会对自己感觉无名的窝火。每一次，他都是说的话更多，声音更洪亮，看起来更有气势，可是每一次他知道自己又败了。

这个女子虽然与他坐在一起，可是依然让他感觉有千里之遥。

越是不自信的人，越是会表现出宏论滔滔，急于呈现自己、堆砌自己。他应该并不是不晓得。他为什么会这样呢？无非是他对她有想法，而她没有。一个内心有很多欲望的人，难免不用力。而一个内心冲淡、一无所求的人，才会真正心平气和。

从他和她第一次见面开始，他就有了一点儿想法。那个想法，一直抓挠着他的心。之后，一直保持着来往，可是他没能再推进与她的关系，一直停留在那种彬彬有礼的初级阶段。

每次再见到她，他都更深入地感觉到自己的那个想法。是的，她孤独，他寂寞，两个人之间似乎没有什么不可能。像她这样的女子，肯定是孤独的，他相信。他不能相信的是，她为什么就愿意浪费自己，不和自己发生点儿什么。他越用力，她越逃避。

她随意亲切的背后，总有看不见的凛冽，无法穿越。

以至于他越是卖力，就越是可笑，越加溃败。

林夕说：快乐本由心决定，一如空气的存在，用力呼吸才会发觉，但用力呼吸到喘息，便生了害怕失去之心。执着于快乐，便不快乐。

与安静的自己相遇

⊙ 是什么，让我成了现在这一刻的自己，坐在这样的时空，有了现在这种样子？

下午三四点钟，阳光很好，大片大片的阳光从窗外扑进来，形成一个亮亮的光束，落在地上，光束里有细小的灰尘在嘤嘤起舞。

是什么，让我成了现在这一刻的自己，坐在这样的时空，有了现在这种样子？

《红楼梦》里，有人“偶因一着错，便为人上人”，而我是因了什么，坐在这里，静享此时的时空？

窗外的路上很安静，偶尔有汽车和行人路过。

这个世界在各行其是，保持着其牵一发而动全身的动态平衡。很多的人与事，一环扣一环，有神秘莫测的连锁反应，任一节点发生逆转，我都是另一版本的我。

可能是街道上风里雨里穿梭不停地送快递的，是夜市排档里的啤酒妹，是每日奋战于不同人家的家政工，是菜市场上每日宰鸡杀鱼的粗犷老板娘，是在淘宝上开个网店，每日趴在电脑前小心翼翼与各式“亲”们搭讪的店主……

有无数个可能让我成为他们中的一员，又因为无数个因由我没能成为他们，而是有了现在的人生。与那些活得更辛苦的人相比，好像是赚了。

想到这一层，我不免惶恐，内心升起微微的不安。

此刻，室外响起拖把亲吻地板的声音。就是那个承包了这六层写字楼的打扫卫生的女人，她每天在午后来打扫，内容包括扫拖楼道，每层楼男女卫生间的清理。

她年岁不大，不到四十的样子，体态丰腴，皮肤白皙，不像干这种粗活的女人。听说她原本生活优裕，男人颇能挣钱，自己不用上班，忽一日男人单位领导犯了事，男人被牵连进去。后来丢了工作，勉强保命，生活急转直下，这女人才凭借熟人介绍，来干这个每月不过千元的工作。

每次在上下楼时遇见这个手上提满垃圾袋的女人，她都会微笑，有时还会轻松地与我打个招呼，脸色明亮，并无阴霾。看来她已经心平气和地接纳了自己新的人生、新的生活方式。

每次见她，我都忍不住会想，如果我是她，经历那么大的人生落差，我一定不会有她做得好，我一定会内心塌方，精神颓掉了。我暗中羡慕她的粗胳膊胖腿里蕴藏的强悍活力。虽然我与她从没有过点头致意之外的交流。

我知道，有时候，每一天的活着都意味着挣扎，不能倒下。而她，依然阳光而卖力地活着。不管现在的她多么卑微，都令人肃然起敬。

此刻我坐的这个地方，这间屋子，是被称为编辑部的地方，一个出书的地方，很多人眼中的圣地。很多书稿经由这里印成铅字，变成了图书。有些书稿，经由我的手，或者被毙，或者辉煌，我掌握着它们生杀予夺的权利。这权利也往往令人心生惶恐。

凭什么？凭什么我可以这样，我的判断一定就对吗？有没有草菅“书”命，或者“助纣为虐”？

我见过不少作者，恭谨地呈送来他们一摞摞沉甸甸的书稿，最年轻的十几岁，最老的八十多岁。八十多岁了还在梦想出书！原来文字的魔力，可以把人纠缠至死。

最震撼的是，我见过一个拉着拉杆箱来交稿的中年男子，他提着整整一箱子的书稿，打印得厚厚的二十本，将近300万字！面对那堆大山一样的书稿，我觉得怎么对待它们都是一种轻薄，拒绝它们更是一种残忍。可是我只能轻薄和残忍。

我成功地也是内心艰难地打发走了作者，可是我的心是疼的。我不能想象它们是怎样被一笔一画写出来的。仿佛是我扼杀了它们，使它们不见天日。

我无法深想，是什么造就了现在的我，让我坐在这里，拥有了现在的生活。这一刻，没有地震，没有海啸，没有沙尘暴，没有身边亲人遭遇不测，只有风吹草动，只有阳光低吟，只有空气轻柔起舞。仿佛世界停顿，世界隐去了，整个世界都只凝结为这一瞬。

这一刻，我身心安宁，无力动弹，安坐于这一刻的时光里，只想握紧这一刻，永不放手。这个一天中最丰盈的时刻，美得稍纵即逝，我竟然可以有这样一段好时光，无视时间在无声地流淌。

所谓的现世安稳、岁月静好，不过是某一时刻，我与世界、与自身达成和解，“相看两不厌，唯有敬亭山”，“我看青山多妩媚，料青山见我亦如是”的物我两忘，物我交融。

感谢上帝，我与如此安然地此时此刻相遇，与一个安生的自己相遇。

以热爱的姿态走向一切

⊙ 热爱，走向每一天，每一个人，每一件事。

热爱你身处的这个时代，热爱你在的社会，热爱你身边的人。

每个人，高大或者猥琐，成功或者落魄，周正或者粗鄙——他的一切都是有来由的，所以热爱他。热爱他与他背后无限丰富的每一面。

热爱生命的每一个细节，每一次的软弱与哀伤，每一次的难堪与沉痛，每一次的战栗与窒息，热爱每一次无法追问的爱恋，每一场千疮百孔的情感。

热爱它们。

发自内心。

每一次的打击与重负都来势汹汹，深不可测。以你的热爱穿蚀一切。或许，唯有热爱，可以让所有的人生黑洞坍塌消融。

愈难耐，愈热爱。

你年轻吗？不要紧，过几年就老了。

你痛苦吗？没关系，很快就过去了。

一切都像箭矢一样，飞快射出，消失不见。

每一天，是开始也是结束。每一天，都只不过是明天的过去时。

热爱，走向每一天，每一个人，每一件事。

热爱你狼奔豕突的内心。

热爱你左支右绌的人生。

以热爱的姿态走向一切。直至你，博大而宽厚，澄澈而空明。